宁夏常见致敏性植物图鉴

NINGXIA CHANGJIAN ZHIMINXING ZHIWU TUJIAN

唐丽 刘博 李小伟 主编

中央民族大学出版社
China Minzu University Press

图书在版编目（CIP）数据

宁夏常见致敏性植物图鉴 / 唐丽，刘博，李小伟主编 . —北京：中央民族大学出版社，2022.4

ISBN 978-7-5660-2017-8

Ⅰ . ①宁… Ⅱ . ①唐… ②刘… ③李… Ⅲ . ①植物—宁夏—图集 Ⅳ . ① Q948.524.3-64

中国版本图书馆 CIP 数据核字（2021）第 277570 号

宁夏常见致敏性植物图鉴

主　　编　唐　丽　刘　博　李小伟
责任编辑　戴佩丽
封面设计　舒刚卫
出版发行　中央民族大学出版社
　　　　　北京市海淀区中关村南大街 27 号　　邮编：100081
　　　　　电话:（010）68472815（发行部）　传真:（010）68933757（发行部）
　　　　　（010）68932218（总编室）　（010）68932447（办公室）
经 销 者　全国各地新华书店
印 刷 厂　北京鑫宇图源印刷科技有限公司
开　　本　787×1092　1/16　印张：16
字　　数　229 千字
版　　次　2022 年 4 月第 1 版　2022 年 4 月第 1 次印刷
书　　号　ISBN 978-7-5660-2017-8
定　　价　135.00 元

前 言

随着以绿色为基调的生态文明思想深入人心，人们的生态意识日益增强，基于绿色生态的人与自然和谐共生已经成为城市化建设的大趋势。植物作为生态系统的重要组成部分有着极其重要的功能，尤其在宁夏这样干旱少雨、水资源受限的地区，随着绿化覆盖率的提高，风沙侵害和水土流失状况得到有效改善。在越来越重视城市绿化与生态系统建设的过程中，对城市绿地的设计和规划发展时，主要关注植物的绿化栽培和维护等方面的美化效果和经济便利，常常忽视了城市绿地中致敏性植物对人体健康的不利影响及其产生的公共健康问题。城市绿化过程中可能栽培种植大量产生花粉、飞毛飞絮和挥发性物质等的致敏性植物，同时，受气候因素影响，不同植物种类飘散的花粉、飞絮飞毛和挥发性混合物等过敏原物质数量及其传播时间的长短和周期不同，如春季以木本植物花粉为主，花粉量大，浓度较高，播粉期短，持续时间相对集中，秋季以草本植物花粉为主，散粉期长，浓度较低。

为制定植物源过敏性疾病防控的植物选择与优化配置原则方案，加强城市林业生态系统对植物源过敏性疾病的防控能力，本团队借助参加宁夏沿黄城市带城市林业系统主要生态功能研究与示范项目的契机，在宁夏进行细致认真的调研，拍摄和收集了大量致敏性植物的照片，对致敏性植物进行鉴定分类整理，最终根据调查结果编写了本书。《宁夏常见致敏性植物图鉴》收录了宁夏地区132种致敏性植物的资料，进行编撰整理，该书图文并茂，知识性与观赏性并重。期待该书的出版能够成为致敏性植物筛选和识别的参考资料，能够为宁夏地区致敏性植物的研究和植物源过敏性疾病的防控提供基础资料，能对城市植物配置和园林绿化提供一点有益的参考。

感谢宁夏沿黄城市带城市林业系统主要生态功能研究与示范项目（项目编号：2019BFG02024）的资助，感谢宁夏回族自治区科学技术厅、宁夏大学、北京林业大学、中国医学科学院北京协和医院变态（过敏）反应科给予的大力协助，感谢中国林业科学研究院王成研究员对本项目进行的专业指导，感谢本团队所有成员的辛勤付出。

本书从植物调查、标本采集、照片拍摄收集、图鉴编写，经历大量烦琐的工作，倾注了编者的大量心血，但鉴于我们的水平有限，调查的范围和内容也较为局限，疏漏与不足之处在所难免，竭诚期待读者和同行批评指正。

编者

2021年12月于北京

目 录

宁夏地图（图片来源于网络）

二、地形地貌

宁夏回族自治区地处我国地势第一阶梯与第二阶梯的分界处，黄土高原与内蒙古高原的过渡地带，海拔1100 ~ 1200米，地势南高北低，呈阶梯状下降，从西南向东北逐渐倾斜，依次为六盘山山地、黄土高原、鄂尔多斯台地、宁夏平原和贺兰山山地。

从宁夏地貌类型看，全区从南向北呈现由流水地貌向风蚀地貌过渡的特征，山地迭起，盆地错落，境内有较为高峻的山地和广泛分布的丘陵，也有由于地层断陷又经黄河冲积而成的冲积平原，南部以流水侵蚀的黄土地貌为主，中部和北部以干旱剥蚀、风蚀地貌为主。此外，因与腾格里沙漠、巴丹吉林沙漠和毛乌素沙漠相连，在中北部地区还有沙丘、沙地分布。宁夏的丘陵面积最大，约20000km^2，其次是平原，面积约13000km^2，沙漠的面积不到1000km^2。

宁夏地表形态复杂多样，大体可分为：黄土高原、鄂尔多斯台地、洪积冲积平原、六盘山、罗山和贺兰山南北中三段山地。在地形上分为三大板块：一是北部引黄灌区，地势平坦，土壤肥沃，有“塞上江南”的美誉；二是中部干旱带，干旱少雨，风大沙多，土地贫瘠；三是南部山区，丘陵沟壑林立，部分地域阴湿高寒。

宁夏地处黄河水系，黄河自西部的中卫市入境，向东北斜贯蜿蜒于卫宁平原和银川平原之上，顺地势至北部的石嘴山市出境，区内流程379公里。

宁夏沿黄城市带是指以黄河为纽带，以引黄灌区为依托，以银川市为中心，以石嘴山、吴中、中卫3个城市为主干，以青铜峡、灵武、中宁、永宁、贺兰、平罗县及若干建制镇为基础的大中小城市相结合的城镇集合体。沿黄城市带区域面积占全区43%的国土面积，集中了宁夏全区57%的人口，是国家防沙治沙综合示范区重点区域，近年来，沿黄河两岸及其延伸地段栽植乔灌木，营造黄河金岸生态景观防护林、保护湿地和控制保护农田，全面打造“黄河金岸，绿色长城”。

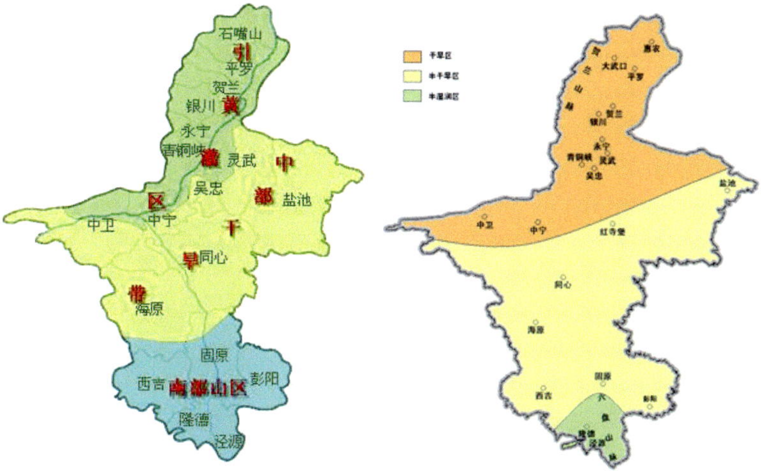

宁夏地表形态和气候分布示意图（图片来源于网络）

三、气候气象

宁夏地处我国内陆，为典型的中温带大陆性干旱和半干旱气候。最南端的六盘山区属半湿润区，卫宁平原以北属干旱区，其他地区为半干旱区。气候具有四季分明、春多风沙、夏少酷暑、秋凉较早、冬少严寒、雪雨稀少、日照充足、蒸发强烈等特点。

宁夏位于中国季风区的西缘，夏季受东南季风影响，时间短，降水少，七月气温最高；冬季受蒙古高压影响，是冷空气南下之要冲，西北季风影响大，时间长，气温变化起伏大，一月气温最低。南部六盘山区阴湿多雨，气温低，无霜期短，北部日照充足，蒸发强烈，昼夜温差大。宁夏大部分地区海拔高度在1000米以上，气温在空间分布上总的趋势是由南向北渐升。贺兰山脉绵亘于宁夏西北部，既削弱了西北寒风的侵袭，又阻挡了腾格里沙漠流沙的东进，成为银川平原的天然屏障，也是中国季风区和非季风区的分界线。同时受地势南高北低以及地貌、纬度等因素的综合影响，温度分布比较复杂，总体上南凉北暖，冬季南温北寒，夏季北热南凉。

宁夏气候干旱，降雨量少，年平均降水量在167.2 ~ 618.3毫米之间，由南向北递减，年降雨总量中，春季占14% ~ 18%，夏季占51% ~ 65%，秋季占20% ~ 28%，冬季占1% ~ 2%，八月份月均降雨量最大，十二月份月均降雨量最小。降雨量年际变化也很大。宁夏全年日照时数可达3000小时，平均无霜期150天左右，是中国日照和太阳辐射最充足的地区之一。

四、土壤概况

宁夏土壤面积为49000km^2，占宁夏总面积的95.6%。宁夏土壤类型多样，按照土壤的发生特征可划分为17 个土类、37 个亚类及200 余个土种，其中黑垆土、侵蚀黑垆土、灰钙土、黄绵土、风沙土、灰漠土、新积土、灰褐土、龟裂碱土、灌淤土等主要土壤类型在宁夏境内分布面积较大。土壤类型呈水平地带性和垂直地带性的分布特征。水平地带性土壤由南向北依次为黑垆土、灰钙土、灰漠土，在灌溉耕作区域分布着大面积的灌淤土，其中灰钙土面积最大。垂直地带性土壤有灰褐土、亚高山草甸土，主要分布在贺兰山和六盘山。

黑垆土广泛分布于宁夏南部地区，主要分布于黄土高原的塬地、缓坡地和大部分川地，黑垆土土体深厚肥沃，植被生长繁茂，主要有长芒草、硬质早熟禾、大针茅、铁杆蒿、糙隐子草等。

灰钙土分布偏北，多处于低丘陵区，主要分布于盐池县中北部、同心县及海原县北部、黄河平原两侧高地等，灰钙土南接黑垆土，北联灰漠土，生长有荒漠草原植物如斑子麻黄等，此外还生长有很多耐盐、耐旱的红砂等植物。

黄绵土主要分布于宁夏境内的黄土高原，分布区北到盐池的麻黄山、同心的窑山、海原的高崖与徐套一线，与黑垆土及灰钙土交错分布。黄绵土土层深厚，生长的乔木植物主要是阔叶树种，如栎、榆、洋槐，并间有松、柏等，草本植物主要为禾本科草类和冷蒿、胡枝子、地椒、甘草等，生长较稀疏。

风沙土广布于宁夏中北部的风沙风蚀区域，常与灰钙土交错分布。植被主要有稀疏的沙米、沙蒿、沙竹及花棒等，覆盖度小于10%。

新积土分布于宁夏盐池、同心、海原等县的丘间低地，贺兰山东麓的高阶地，六盘山区的部分川地和沟台地，生长的植被主要有旱榆、甘蒙锦鸡儿等。

灌淤土主要分布于引黄灌区南部的银川市郊区、贺兰县、平罗县等，多位于地形低洼、排水不良的地区，是中国半干旱地区平原中的主要土壤。灌淤土地形平坦，土层深厚，灌溉便利，广泛适宜种植作物，如小麦、玉米、水稻、胡麻、向日葵、枸杞、长绒棉等。

灰褐土是森林植被土壤，主要分布于六盘山、贺兰山、罗山等山地的阴坡和半阴坡，灰褐土自上而下可分为枯枝落叶层、半分解状松软腐殖质层、矿质土有机质层、过渡层、发育较弱的淀积层和母质层，其中分布在六盘山的灰褐土面积约占全部灰褐土的56%，植被主要有青海云杉、油松等。

龟裂碱土，俗称白僵土，是荒漠草原和荒漠地区的特殊碱化土壤，主要分布于古湖洼地、洪积扇与老阶地的交接洼地，常见小型固定沙丘散布，沙丘上生长芨芨草、白茨等植被。

五、植被资源

宁夏全区植物资源共136科688属2000余种，植被分类中以自然植被类型为主，栽培植被面积较小。自然植被包括针叶林、阔叶林、落叶灌丛、草甸、草原、草原带沙生植被、荒漠、沼泽、水生植被等植被类型，包括30个亚类，132个群系。宁夏地处半湿润区向半干旱、干旱区的过渡地带，降雨量由南向北递减，由于水分因素为主导的植物生态条件的差异，使宁夏自然植被呈地带性分布，由南向北依次为：最南端较小范围为森林草原植被，中南部为干旱草原植被，中北部为荒漠草原植被，最北端为荒漠植被属草原化荒漠植被。大部分地区属于草原植被，在宁夏自然植被中的占比最大，占自然植被类型的79%。在贺兰山、六盘山、罗山等山地植被呈垂直变化，分布着一定的针叶林和阔叶林；南部降水充沛，气候条件较好，植被类型以林地为主，生物多样性丰富；中部丘陵和风沙区，处于草原向荒漠过渡地带，多为荒漠草原植被；北部的黄河冲积平原植被类型主要以草甸、沼泽、水生植被为主。湿地植物以温带植物为主，草本植物占优势，其中禾本科植物种数居第一位，菊科植物种数次之，豆科植物占第三位。人工栽植的植被主要有侧柏、油松、刺槐、国槐、杨树、柳树等乔灌木。截至2017年，全区林地面积达到18893km^2，约占全区国土面积的35%，森林面积约7274 km^2，森林覆盖率达到14%。

森林草原植被主要有华山松、青冈、山杨等，主要伴生树种有红桦、白桦、糙皮桦等。还分布有以箭竹、榛、灰栒子、沙棘、虎榛子等为优势种的灌丛，以紫穗鹅冠草、紫苞风毛菊、苔草、短柄草和蕨等为优势种的草甸植被。在北部有甘青针茅、白羊草、狼针茅以及冷蒿、铁杆蒿、华北米蒿等为建群种的草甸草原植被。

干旱草原植被带南与森林草原带相接，北连荒漠草原带，在北部地区主要分布有以短花针茅、冷蒿、长芒草、百里香、华北米蒿等为建群种的干旱草原群落。在南部地区有蕤核、山桃、蒙古扁桃、沙棘、虎榛子等落叶灌丛。在东北部地区主要分布有以大针茅为建群种的草甸草原和以沙棘、黄瑞香、虎榛子、华北丁香、灰枸杞等为优势种的落叶灌丛。

荒漠草原植被主要有以东北针枝蓼、刺针枝蓼、珍珠猪毛菜、红砂、猫头刺等小灌木为优势种的荒漠草原群落，还有短花针茅、沙生针茅、戈壁针茅、细柄茅、双叉细柄茅、丛生隐子草等多年生旱生禾草植物。荒漠草原带的东部分布有以黑沙蒿、沙蓬、苦豆子、老瓜头等为主的沙生植被和柠条锦鸡儿、中间锦鸡儿、沙冬青为优势种的沙生灌丛；荒漠草原带的南端错落分布有以长芒草、短花针茅、冷蒿等为优势种的干旱草原群落。

荒漠植被带分布于宁夏最北端，主要有以珍珠猪毛菜、红砂、四合木等超旱生灌木为建群种的荒漠植被，还有少量如细柄茅、短花针茅和隐子草等的草原化荒漠植被。

参考文献

[1] 宁夏概况. 宁夏回族自治区人民政府[引用日期2021-11-19]

[2] 自然状况. 宁夏回族自治区人民政府[引用日期2021-11-19]

[3] 百度地图https：//map.baidu.com [引用日期2021-11-19]

[4] 地之图 http：//map.ps123.net/china/2991.html[引用日期2021-11-19]

[5] 宁夏气候概况. 中国气象局 [引用日期2021-11-19]

[6] 高娜，孙健，高睿娜 等. 气候变化背景下宁夏冬季气温月尺度变化特征[J]. 干旱气象，2021，39（01）：38-45.

[7] 王素艳，李欣，王璠 等. 宁夏降水资源格局演变特征[J]. 干旱区研究，2021，38（03）：733-746.

过敏反应的特点是发作迅速、反应强烈，有明显的遗传倾向和个体差异。过敏反应的过程非常快，相应症状可在接触过敏原后立即或几小时内出现，出现感觉不适、烦躁、心悸、颤抖、皮肤潮红发痒、耳鸣、咳嗽、打喷嚏、荨麻疹、水肿或因哮喘及气管阻塞引起呼吸困难等症状。通常在发生过敏反应时可能出现心血管系统或呼吸系统的症状，但两种系统的症状不同时出现。多次发生过敏反应的人，每次发生过敏时的症状常常类似。

目前，过敏性疾病被列为全球第六大慢性疾病。2005年6月28日，世界变态反应组织（WAO）联合各国变态反应机构面向全球共同倡议将每年的7月8日定为世界过敏性疾病日，旨在通过增强全民对过敏性疾病的认识，提高人们对过敏性疾病的知晓度和正确认识，来预防和降低过敏反应及过敏性疾病的发病率。

2. 产生过敏的原因

产生过敏的原因可分为两个方面，一方面是内源性过敏体质原因，另一方面是由于外源性过敏原引发过敏。

不是所有的人接触过敏原后都会出现过敏，在同样的情况下有的人过敏而有的人不过敏，过敏常常发生在相对固定的一部分过敏性体质人群中。这类过敏性体质人群属于先天免疫功能异常，其过敏体质多由遗传而来，发生过敏的可能性伴随终生。

引起过敏反应的物质称为过敏原，也称为变应原、致敏原，是一类进入人体后能够刺激机体选择性激活免疫细胞，诱导机体产生特异性IgE而引起过敏反应的抗原性物质。过敏原绝大多数为蛋白质、多肽或糖蛋白物质，分子量一般为15 ~ 20kDa，也有一些天然植物过敏原物质为小分子成分，该类过敏原所占比例很小。

目前已知的可引起过敏反应的主要过敏原有2000 ~ 3000种，常见的过敏原来源综合来看可分为如下几个类别：①食物类过敏原：如小麦、花生、大豆、坚果类、鱼虾海鲜类、牛奶、鸡蛋、牛羊肉、香油、葱、姜、大蒜以及一些蔬菜、水果等；②吸入物类过敏原：如花粉、尘霾、动物皮屑、螨、油烟、油漆、煤气、飞絮、飞毛、香烟、香精、汽车尾气、芳香混合物等；③药物类过敏原：如青霉素、磺胺、新霉素、酒精、毒品、异种血清等；④微生物及毒素类过敏原：如细菌、霉菌、病毒、寄生虫、昆虫毒素等；⑤接触物类过敏原：如化妆品、染发剂（含有对苯二胺等）、橡胶制品（含有巯基苯并噻唑、巯基混合物、秋兰母混合物、卡巴混合物等）、洗发水、洗洁精、金属饰品和人造首饰（如手表、项链、戒指、耳环等含有硫酸镍、氯化物）、紫外线、辐射、塑料、冷空气、热空气、肥皂（含有羊毛脂醇等）、化纤用品（含有甲醛、环氧树脂、对叔丁酚甲醛树脂）等；⑥自身组织抗原：人体由于精神紧张、工作压力、受微生物感染、电离辐射、烧伤等生物、理化因素影响而使结构或组成发生改变的自身组织抗原，以及由于外伤或感染而释放的自身某些抗原，也可成为过敏原。

现代社会中，随着城市化发展和工业化水平提高，人们的生活与工作方式不断改变，各种饮食种类和加工工艺不断增加，城市绿化与生态环境不断改善，使得过敏原种类及潜在过敏人群和致敏风险也在不断扩大，一些原来不过敏的人群可能出现各类过敏。同时，随着科技和医疗水平的发展，许多原来未认识到的过敏现象也被揭示出来，也使得近年来过敏性疾病的发生率不断增加。

3. 产生过敏的机理

过敏原物质通过食入、吸入、注射及接触等途径进入体内后，大分子物质直接成为抗原，小分子物质（半抗原）可以与体内的某些物质结合形成新的抗原。机体第一次接触抗原后可造成机体的致敏状态，由效应B细胞产生抗体，有些抗体吸附在皮肤、呼吸道或消化道黏膜以及血液中某些细胞的表面。当过敏原物质再次进入体内后，就会与吸附在细胞表面的相应IgE类抗体结合，激发机体免疫系统的异常活动，使上述细胞释放出组胺和其他参与免疫炎性反应的物质，从而引起毛细血管扩张、血管壁通透性增强、腺体分泌增多、肺部气道等平滑肌收缩，相应引发各种过敏反应，导致呼吸困难、血管扩张引起血压下降、血管通透性增加引起渗液及出现水肿和荨麻疹、心律失常和心排血量不足、甚或引起休克等症状，最终造成一系列过敏反应伤害。

过敏反应发生的机理是一个复杂的过程，一般将I型过敏反应发生的机理划分为三个阶段：①致敏阶段：过敏原进入机体后可选择诱导过敏原特异性B细胞产生抗体应答，此类抗体与肥大细胞和嗜碱性粒细胞（即皮肤、呼吸道或消化道黏膜以及血液中的某些细胞，其中肥大细胞分布于皮下小血管周围的结缔组织中和黏膜下层，而嗜碱性粒细胞主要分布于外周血中）的表面相结合，而使机体处于对该过敏原的致敏状态。通常这种致敏状态可维持数月或更长，如果长期不接触该过敏原，致敏状态可自行逐渐消失。②激发阶段：当相同的过敏原再次进入机体时，通过与致敏的肥大细胞和嗜碱性粒细胞表面的抗体特异性结合，使这种细胞释放生物活性介质的阶段。在这个阶段中，释放的生物活性介质除了组胺以外，还有前列腺素D、白三烯、血小板活化因子等，其作用都相似，都可引起平滑肌收缩、毛细血管扩大和通透性增强、腺体分泌物增多等症状。③效应阶段：指生物活性介质作用于效应组织和器官，引起局部或全身过敏反应的阶段。根据反应发生的快慢和持续的时间长短，可分为早期相反应和晚期相反应两种类型。早期相反应主要由组胺引起，通常在接触过敏原数秒钟内发生，可持续数小时；晚期相反应由白三烯、血小板活化因子等引起，在过敏原刺激后6 ~ 12 h发生反应，可持续数天。

上述过敏反应如果发生在呼吸道、鼻黏膜等部位，可引起过敏性哮喘、鼻痒、打喷嚏、流鼻涕、过敏性鼻炎等；发生在皮肤，可引起红肿、荨麻疹、过敏性皮炎等；发生在眼黏膜，可引起眼痒、流泪、眼分泌物、黏膜充血等；发生在消化道，可引起呕吐、腹痛、腹泻等。各种过敏反应严重程度不同，有的明显影响人白天的工作与活动及夜间睡眠，少数病情严重的情况，可因支气管痉挛、窒息或过敏性休克而死亡。

4. 过敏性疾病的种类

当机体出现的过敏反应累及特定器官及组织，就会引发某种过敏性疾病。常见的过敏性疾病有花粉症、过敏性鼻炎、过敏性哮喘、荨麻疹、过敏性皮炎、过敏性休克等。

（1）花粉症

花粉症也称为枯草热，是患者对植物花粉过敏所引起的，在空气中飘散的大量风媒气传致敏花粉引发花粉症，具有明显的季节性和地区性。我国的主要气传致敏花粉有柏属、杨属、蒿属、苋属等植物的花粉。花粉颗粒可通过黏附在皮肤和眼结膜、沉积于鼻黏膜、吸入呼吸道等，使花粉中的某些特殊致敏蛋白透过皮肤或黏膜屏障与机体抗原结合，从而引起敏感人群产生各类过敏反应，可累及鼻黏膜、眼结膜、支气管及皮肤等部位。临床上通常将由花粉诱发的过敏性鼻炎、过敏性结膜炎、过敏性咳嗽/哮喘、皮肤过敏等统归为花粉症范畴。

花粉症的主要症状依据敏感个体的差异及程度表现为三个方面，一般首先出现上呼吸道症状，主要表现为鼻部或咽部的黏膜过敏反应，如鼻痒、鼻塞、喷嚏连续发作、喷嚏后水样分泌物增多、咽部发痒、咽部异物感，软腭部位发痒等，也有因咽部分泌物引起刺激性干咳；下呼吸道症状可见咳嗽、喘息、呼吸困难及胸闷等；其他部位症状常见眼结膜黏膜过敏反应和皮肤过敏，主要表现有眼部发痒、流泪、眼结膜或眼睑红肿、畏光、眼部分泌物增多等，面部及四肢等暴露部位皮肤可出现丘疹、红斑、风团或瘙痒等。花粉症目前尚不能彻底治愈，易反复发作，重在预防，有花粉过敏史人群日常需注意避免接触致敏花粉。

（2）过敏性鼻炎

过敏性鼻炎多为吸入性过敏原引发的过敏反应集中出现在鼻黏膜部位的结果，患者多为过敏体质，且具有遗传性。大致可分为季节性鼻炎和常年性鼻炎两种，前者多为吸入花粉造成，后者多为吸入屋内尘土、螨、霉菌及动物的毛、皮屑及禽类的羽毛等导致的。主要症状与表现：突发鼻痒，连续打喷嚏，一般不少于5个，出现大量清水样浆液性鼻分泌物，鼻腔堵塞，每次发作的轻重程度不同，症状多持续十几分钟或数小时，常反复发作。

（3）过敏性哮喘

过敏性哮喘是支气管哮喘的主要类型之一，是因过敏原或其他致敏因素引起的广泛性气道超敏状态，造成以气道可逆性、痉挛性狭窄为特征的呼吸道阻塞综合征。导致该病发作的主要原因有吸入性过敏原（如各种植物花粉、尘土、尘螨、真菌孢子、动物皮屑、蜕皮、虫卵等）、食物（如鱼虾、某些蛋类等）、药物（如青霉素、阿司匹林等）等。主要症状和表现：多突然发作或加重，呈阵发性呼吸困难和哮鸣音，一般发作时间为数小时，发作前多有喷嚏、流涕、咳嗽等黏膜过敏的先兆，继而有胸部紧迫感，严重时发绀、出汗、端坐体位，直至意识丧失。

（4）过敏性皮炎

引起过敏性皮炎的过敏原及其相应的症状表现主要有：①药疹：由某些药物引起的皮肤过敏反应，主要表现为皮肤红斑、紫癜、水泡及表皮松弛、瘙痒疼痛，有时还会伴随低热，皮疹消退后多无色素沉着。②接触性皮炎：由于皮肤接触某些物质如首饰、表链、凉鞋、化妆品等后，局部发生红斑、水肿、痒痛感，严重者可有水泡、脱皮等现象出现。③湿疹：局部或全身可见红斑、丘疹、水泡、糜烂、渗出、结痂、脱屑、色素沉着等，常伴有剧烈瘙痒，有明显渗出。④皮肤划痕症：用手抓挠或由于划擦后皮肤表面出现一条条伤痕。⑤其他：皮疹或食物过敏皮炎，由牛奶、鸡蛋、水果、牛肉、猪肉等食物引起过敏的最为常见症状是皮疹，多发生面部、口周的红斑，躯干部也较多见，常出现瘙痒脱屑，并可有色素沉着，也有出现恶心、腹泻、腹痛等。由环境因素如霉菌、灰尘、烟草、烟雾、香水、汽油、油漆、杀虫剂、清洁剂、药物、宠物、地毯等可以引起过敏性皮炎。

（5）荨麻疹

荨麻疹为过敏的皮肤表现，以发作性皮肤瘙痒及出现充血性风团为特征。多由于过敏原（多为吸入物、药物、昆虫毒素、微生物及寄生虫等）与患者皮肤、黏膜接触所引起。主要症状和表现：皮肤突然出现大小不等的粉红色风团，多为圆形、椭圆形或不规则形，可发生在身体的任何部位；开始时孤立或散在，后逐渐扩大并可融合成片。荨麻疹多来得快去得快，此起彼伏，且新的风团会陆续发生，甚至在旧的风团上叠加发生。

（6）过敏性休克

过敏性休克是最严重的过敏反应，是外界抗原物质进入已致敏的机体后，通过免疫机制在短时间内发生的强烈的多脏器累及症候群。最常见的是青霉素等药物引起的过敏性休克。过敏性休克的表现与程度依据机体反应性、抗原进入量及途径等而有很大差别，通常都突然发生且很剧烈，若不及时处理，常可危及生命。

5. 过敏性疾病的诊断与治疗

（1）过敏性疾病的诊断

过敏性疾病的诊断主要依据病人的详尽病史和医学检查两方面来进行诊断。①详尽病史：包括过敏发生的时间、地点、季节、周期性、诱发原因、生活及居住环境、饮食习惯、工作环境、家族遗传史、药物过敏史、既往身体状况、正在进行的治疗及用药情况等，初步判断是否过敏性疾病，是何种类型的过敏性疾病。②医学检查：针对过敏原做相应的检查，确定患者对哪些物质过敏，从而明确诊断出过敏性疾病的特异性过敏原。应用的方法主要有皮肤点刺试验、斑贴试验、鼻黏膜激发试验、皮内试验、血清特异性IgE检测等。

（2）过敏性疾病的防治

①诊断和避免接触过敏原：通过医学检测技术明确诊断过敏原后，在日常生活中主动避免接触过敏原。过敏原是过敏发生的必要条件，避免接触过敏原可以有效防止发生过敏，但不是对所有的过敏病人都适用。原因是，现有医学检测技术不能完全诊断出所有的过敏原，有的人可能对多种过敏原致敏，有的过敏原是可以避开的，但有的过敏原是很难避开的，还有很多过敏原是未知及未被揭示的，所以，远离过敏原是一种有效的防治办法，但并非全部有效。②脱敏治疗：明确过敏原后，患者从小剂量开始接触过敏原，剂量逐渐增加到维持剂量，继续使用足够的疗程，使患者机体的免疫系统产生免疫耐受，再次接触过敏原时，过敏症状明显减轻或者

不再发生。③药物治疗：使用抗组胺类药物如扑尔敏（氯苯那敏）、息斯敏（阿司咪唑）、敏克盐酸异丙嗪、开瑞坦（氯雷他定）等，也有使用中药如玉屏风散可治疗过敏性疾病。

6. 过敏性疾病的预防

医学专家普遍认为，预防是针对过敏性疾病综合防治的关键环节与重要途径，对于各类过敏反应和过敏性疾病预防重于治疗。由于过敏反应是机体反复接触过敏原而引起的，过敏性疾病综合防治需要正确地认识和了解过敏原物质及其致敏机制，因此加强宣传普及相关公共卫生知识，建立防重于治的观念，使过敏人群能够发现和找出过敏原，或者到医院用医学方法检测出过敏原，并且尽量避免和减少接触过敏原有效降低过敏反应的发生。全社会应从人群健康管理、公共卫生、城市生态规划等多学科角度重视和正确认识过敏性疾病，加大宣传普及过敏性疾病知识及各类防范措施，提高公众对过敏性疾病的知晓率，重视城市绿化中植物源过敏对人群健康产生的潜在风险，从源头有效防范人群接触各类过敏原所引发的过敏性疾病。

二、植物源过敏与致敏性植物

1. 植物源过敏与致敏性植物的范畴

引起过敏反应的各种过敏原按照其来源主要可分为植物性过敏原、动物及微生物性过敏原、金属及化学物质性过敏原等，按照过敏原的接触途径可分为食入性过敏原、吸入性过敏原、接触性过敏原、输注性过敏原等。自然界中有很多植物来源的植物体、果实、释放物及分泌物等其中含有各类过敏原物质，可引发敏感人群产生各种过敏反应和过敏性疾病。其中最常见的花粉、谷物、坚果、水果等植物性过敏原所占比例最大，这些由于植物性过敏原而导致的过敏一般统称为植物源过敏。

在广义上，植物源过敏包含了由于来自小麦、花生、大豆、核桃等坚果、葱及姜等蔬菜、桃及杧果等水果、花粉、飞絮、飞毛、芳香混合物等植物来源的各类过敏原所导致的过敏。其中前者几类都属于食物类别，人们通过主动避免接触这些饮食种类，可达到有效防控该类食物性过敏的目的，一般习惯上将由其引发的各类过敏统称为食物源过敏。而含有花粉、飞絮、飞毛、芳香混合物等吸入性或接触性过敏原的植物，一般生长或栽植于自然环境或城市绿地中，与生态环境融为一体，其产生的花粉、飞絮及挥发物质由于产量多、体积小、质量轻、容易借风力传播，人们往往难以主动避免与之产生接触，同时，这类致敏性植物所导致的过敏性疾病发生规律具有明显的季节性和地域性特点，狭义上的植物源过敏主要是指此类由于植物中含有或飘散出来的花粉、飞毛飞絮、芳香混合物或某些小分子成分等过敏原而引发的各种过敏。

由于植物的释放物、分泌物及其次生代谢物质中含有各类过敏原，能引发各种过敏反应的植物，称为致敏性植物。其中释放花粉、飞毛飞絮及芳香混合物等过敏原的致敏性植物，是近年来引起城市中过敏性疾病发病率不断攀升的主要原因，以引发花粉症的致敏性植物最为典型占比最大。该类致敏性植物主要是利用风力作为传播媒介的植物，其共同特点是花小而不鲜艳，花被常退化或不存在，无芳香气味和蜜腺，花的数目很多，空气中飘散的花粉数量大，体积小而质量轻，空气中含量高，在风起的日子更容易传播。随着城市绿化与生态系统建设愈加重视，这类致敏性植物所产生的公共健康问题也越来越与城市绿化及生态规划密切相关。

2. 致敏性植物所释放的过敏原

花粉：气传花粉直径一般在30～60微米左右，空气中飘散时极易被吸入呼吸道或接触人体咽部黏膜及皮肤等部位，从而引发各类过敏症状，是引起花粉症、过敏性鼻炎和过敏性哮喘等呼吸道变态反应性疾病的主要过敏原。能够产生气传致敏花粉的植物称为花粉致敏性植物。在我国已经发现的花粉致敏性植物主要分布于40多个科属，主要有漆树科（Anacardiaceae）、菊科（Asteraceae）、槭树科（Aceraceae）、苋科（Amaranthaceae）、桦木科（Betulaceae）、黄杨科（Buxaceae）、柏科（Cupressaceae）、藜科（Chenopodiaceae）、十字花科（Cruciferae）、

柏树花粉、柳树花粉、杨树花粉等为主，该类花粉数量虽高，但在空气中飘浮时间短，引起的过敏症状不显著。

致敏性植物所产生的过敏性疾病发病率还与绿化程度有关。比如我国的花粉过敏症患者人数约为0.5% ~ 1% ，日本则达到10%，因为其绿化覆盖率高，空气中花粉含量较多。在某些国家，花粉过敏症已成为季节性的流行病，其发病率之高是相当惊人的。在美国发病率为 2% ~ 10%，个别地区在流行季节发病率可高达15%，欧洲的发病率稍低为3%左右。据丹麦1987 年和1994年的调查显示，花粉过敏症已从1977年的7 %上升到约10%。

植物源过敏性疾病发病情况还受到当地当季气象因素的影响。气象条件也是影响致敏性植物中各类致敏原飘散释放的重要因素。产生影响的气象因素主要有气温、风速、降雨量和湿度等。比如在花粉和飞絮飘散季节，气温越高，光照越强，越有利于植物花粉和飞絮的成熟和释放。通常在干燥、温暖和阳光充足的天气可引起高浓度的花粉和飞絮，阴雨天浓度低，空气潮湿，微小的花粉粒子和潮湿的飞絮容易发生沉降，或被雨水冲刷，空气中的数量随之减少。风有利于花粉的传播和消散，当有一定风速时，花粉可随风的作用飘散到空中，使花粉浓度增加，但当风速很大时，风对花粉起消散的作用，此时花粉浓度将降低。

三、致敏性植物对城市绿化及生态规划的影响

绿色植物是丰富物产的主要来源，是自然生态系统中的积极生产者，是净化和保持良好生态环境的主体。人类的食物绝大多数直接（粮食蔬菜水果）或间接（肉类）来自绿色植物，一些药物提取物或有效成分也来源于植物，绿色植物在物产资源、净化空气、调节气候、保持水土、防风固沙、减弱噪声、绿化环境等方面都具有无可替代的重要作用，人类生产生活的各个方面都离不开绿色植物。但是随着对城市绿化越来越重视，花粉症等植物源过敏性疾病的发病率激增也随之成为21世纪以来城市化发展

中面临的一项重要公共卫生和健康问题。

研究证明，城市化所带来的环境和工作生活方式的改变，使发达城市地区的花粉症等植物源过敏的发病率较其他地区高。随着城市现代化发展，寻求自然化、生态化，促进人与自然和谐共生已经成为城市化建设的大趋势。在越来越重视绿色生态的同时，由于城市绿地中致敏性植物所引发的多种呼吸系统及变态反应疾病问题日益凸显。在城市化建设飞速发展过程中，主要关注植物绿化栽培维护的经济便利和美化效果，常常忽视了致敏性植物对人体健康的不利影响及其产生的公共健康问题，城市绿地的设计和规划中可能使产生花粉、飞毛飞絮、挥发物质等过敏原的致敏性植物被广泛引种栽培。加之伴随城市化进程加快，城市热岛效应的强度和规模也在日益加剧，城市环境温度的升高增加了致敏性植物所散逸的花粉、飞毛飞絮、挥发物质等过敏原浓度，提高了植物源过敏性疾病发生的潜在风险。

作为生态系统的重要组成部分，植物具有净化环境、消减噪声、调节微小气候等多种功能。根据历年的中国国土绿化状况公报数据显示，中国城市绿地面积不断扩大，人们可以更方便地享受绿化建设带来的丰富多彩的生态福利，生活品质得到了显著改善。但同时也要注意，绿地的设计和规划不足可能使致敏性植物被广泛引种栽培，导致季节性变应性鼻炎、过敏性结膜炎、过敏性哮喘和花粉症患者数量增加。

随着人们健康意识的不断提高，致敏性植物的研究正日益受到社会各界的关注。相比于从医学角度关注气传致敏物质的分布和致敏性分析，从生态学角度研究致敏性植物的种类、分布、物候特征和影响因素，并以此为基础指导绿地规划和树种配置，对于改善城市环境质量，建设合理绿化生态系统，提高人民的健康水平都具有重要的现实意义，也是从源头上防治植物源过敏性疾病的关键途径。

在城市绿地植物的选择和配置时如果未考虑致敏性植物的不利影响，则会使得大量致敏性植物在城市绿地中聚集，对城市居民的健康构成威胁。此外，不同植物的致敏物质释放时间以及致敏物质种类与某些食物之间的交叉反应也在很大程度上扩大了敏感人群的数量。如，致敏程度极强的豚草花粉与我国广泛分布的致敏性植物蒿属的花粉间存在交叉抗原，桦树花粉既与白蜡树的花粉存在交叉抗原，又可同苹果、芹菜、猕猴桃等蔬果发生交叉反应。此外，交通污染物或作为花粉、飞毛飞絮等的载体，或通过改变气传致敏物质的化学成分和外部形态，增强植物过敏原的致敏性，加重致敏性植物的致敏风险影响。鉴于致敏性植物与各类过敏及过敏性疾病的密切关系，为降低植物源过敏的发病率，应控制城市中致敏性植物的种类、数量及其维护管理，从源头上减少植物性过敏原的产生。以往各类研究大部分是从医学角度关注植物性过敏原的分布和致敏性分析，很少从生态学角度分析致敏性植物的种类、分布及其物候特征。而致敏性植物的这些生态学特征却在很大程度上影响着某一地区在特定季节的环境中植物性过敏原的种类与浓度，直接关系到花粉症等过敏性疾病的地区性分布和发病规律。因此研究致敏性植物的物种构成、区系来源、分布特征和物候特性等生态要素，不仅可以为城市居民尽可能地避免与植物性过敏原的直接接触提供基础数据，还可为城市绿地建设提供选种依据，降低由于规划不当而增加城市空气中花粉、飞毛飞絮等植物性过敏物质的浓度。

在城市绿化过程中，还应加强从生态学结合环境医学角度考虑绿化在城市空间中的多样性，合理规划与调整不当的城市绿地植物配置。植物的构成分布及其物候特征，会对致敏性植物释放的过敏原种类、浓度产生相当大的影响，也会直接影响到城市过敏性疾病的地区性分布以及发病规律。所以从生态学结合植物学、环境医学和公共卫生等多学科交叉研究方法来分析研究城市中致敏性植物的种类与构成，对于降低城市中植物源过敏性疾病的发病率，改善城市生态环境具有十分重要的作用。同时对于宏观系统地研究城市生态系统中致敏性植物的构成和来源，以及改善城市空气质量，建设合理绿化环境，提高人民的健康水平都具有重要的现实意义。

参考文献

[1] 王成．城市森林建设中的植源性污染．生态学杂志，2003，22（3）：32–37．

[2] 汪永华．花粉过敏与城市绿化植物设计[J].中国城市林业，2005（03）：53–55.

[3] 叶世泰，张金谈，乔秉善 等．中国气传和致敏花粉．北京：科学出版社，1988：1–5．

[4] 中国气传致敏花粉调查领导小组．中国气传致敏花粉调查．北京：北京出版社，1991：1–31．

[5] 乔秉善．中国气传花粉和植物彩色图谱．北京：中国协和医科大学出版社，2005：1–298．

[6] 王成.城市花粉、飞絮飞毛等植源性污染特征及其防治[J].中国城市林业，2018，16（01）：1–6.

[7] 辛嘉楠，欧阳志云，郑华 等.城市中的花粉致敏植物及其影响因素[J].生态学报，2007（09）：3820–3827.

[8] 辛嘉楠.花粉致敏植物与城市绿地建设[C].中国社会科学院城市发展与环境研究中心.城市生态建设与植被恢复、重建技术交流研讨会论文集.中国社会科学院城市发展与环境研究中心：中国社会科学院城市发展与环境研究中心，2007，112–123.

[9] 王光野，杨彦龙，郭新亮 等.致敏花粉的研究及应用前景[J].长春师范学院学报（自然科学版），2010，29（02）：82–83.

[10]孙会忠，宋月芹.我国蒿属植物花粉的致敏性研究概况[J].环境与健康杂志，2006（03）：283–285.

[11] 云文丽，刘克利.城市中花粉致敏植物及其影响因素研究进展[J].内蒙古气象，2008（04）：14–17.

[12] 程晟，余咏梅，阮标.中国主要城市气传花粉植物种类与分布[J].中华临床免疫和变态反应杂志，2015，9（02）：136–141.

[13] 杨琼梁，欧阳婷，颜红 等.花粉过敏的研究进展[J].中国农学通报，

2015，31（24）：163–167.

[14]闫珂，杨华，李文芳 等. 城市绿地致敏指数的改进研究及应用[J]. 北京林业大学学报，2020；42（5）：96–105.

[15]孟龄，王效科，欧阳志云 等. 北京城区气传花粉季节分布特征[J]. 生态学报，2013，33（8）：2381–2387.

[16]秦玲，刘丽丽. 园林绿化设计对花粉过敏的影响分析[J]. 城市建筑，2019（323）：141–142.

[17]闫蓬勃. 中国城市树种多样性评价及树种规划研究[D]. 北京林业大学博士学位论文，2019.

[18]李全生，江盛学，李欣泽 等. 中国气传致敏花粉的季节和地理播散规律[J]. 解放军医学杂志，2017，42（11）：951–955.

第三章 宁夏常见致敏性植物

一、松科 Pinaceae

1. 松属 *Pinus* L.

樟子松 *Pinus sylvestris* var. *mongolica* L.

别名：海拉尔松、蒙古赤松、西伯利亚松、黑河赤松。

地理分布：主要分布于黑龙江省大兴安岭地区，海拉尔、内蒙古等地区也有分布，生于海拔400 ~ 900米的山地及林区。宁夏贺兰山等地有分布，银川市、中卫市等城市有栽培，如银川市西夏公园、海宝公园、宝湖公园、人民广场、灵州大道等区域有栽植。

植物形态：常绿乔木，高15 ~ 25米。树干挺直皮厚，树干下部灰褐色或黑褐色，深裂成不规则的鳞状块片脱落，上部树皮及枝皮黄色至褐黄色，内侧金黄色，裂成薄片脱落。枝斜展或平展，幼树树冠尖塔形，老则呈圆顶或平顶，树冠稀疏；针叶二针一束，刚硬，常稍扭曲，先端尖，边缘有细锯齿，两面均有气孔线，边生，叶鞘基部宿存，黑褐色。雌雄同株，雄球花圆柱状卵圆形，黄色，聚生在当年生枝下部；雌球花球形或卵圆形，紫褐色。球果卵圆形或长卵形，种子黄色、棕色或黑褐色，长卵圆形或倒卵圆形，具膜质种翅。花期5 ~ 6月，球果第二年9 ~ 10月成熟。

生长习性：喜光性强、深根性树种，抗逆性强，适应性强，能适应土壤水分较少的山脊及向阳山坡，以及较干旱的砂地及石砾砂土地区，多成林或与落叶松混生。樟子松林木生长较快，寿命长，可作为造林、防风固沙、庭园观赏及绿化树种。

花期：5 ～ 6月。

致敏性：花粉致敏，致敏性弱。

花粉特征：花粉量大，花粉飘散浓度高、时间长。光学显微镜下可见花粉粒长52 ～ 64微米，花粉粒极面观呈半球形或近圆形，具两个气囊，气囊呈扁圆形或近圆形，气囊为网状结构，网眼多不规则体，花粉粒体近级外壁两层、远级一层，表面光滑或具微弱的颗粒状，帽上纹饰为颗粒状。

油松 *Pinus tabuliformis* Carr.

别名：短叶松、短叶马尾松、红皮松、东北黑松。

地理分布：分布于辽宁、吉林、河北、河南、山东、山西、内蒙古、陕西、甘肃、青海及四川等省区。生于海拔1900 ~ 2400米的山地阴坡及半阴坡。宁夏贺兰山、罗山和须弥山等地有分布，银川市等城市有栽培，如银川市西夏公园、森林公园、海宝公园、中山公园、凤凰公园、宝湖公园、人民广场、北京中路、亲水北大街、宁朔街、迎宾大道、陶然水岸、紫云华庭等区域有栽植。

植物形态：针叶常绿乔木，高达25米，胸径可达1米。树皮下部灰褐色，裂成不规则较厚鳞块，裂缝及上部树皮红褐色。大枝平展或斜向上，老树平顶；小枝粗壮，雄球花柱形，聚生于新枝下部呈穗状；球果卵形或卵圆形，有短梗。种子卵圆形或长卵圆形，淡褐色有斑纹，花期5月，球果第二年10月成熟。

生长习性：喜光，深根性树种，抗瘠薄、抗风性良好，在土层深厚、排水良好的酸性、中性或钙质黄土及–25℃的气温下均能生长。

花期：5月。

致敏性：花粉致敏，致敏性弱。

花粉特征：花粉量极大，花粉飘散浓度高、时间长。光学显微镜下可见花粉粒体长50 ~ 62微米，具两个发达的气囊，气囊呈半圆形且边界明显，气囊具不规则网状结构，帽上具颗粒状纹饰。

华山松 *Pinus armandii* Franch.

别名：葫芦松、五须松、果松等。

地理分布：分布于甘肃、陕西、青海、山西等省区。生于海拔2400 ~ 3000米的阴坡及半阴坡。宁夏六盘山等地有分布，银川市等城市有栽培，如银川市森林公园、陶然水岸等区域有栽植。

植物形态：常绿乔木，高可达35米。树冠广圆锥形。小枝平滑无形毛，幼树树皮灰绿色，老则裂成方形厚块片。叶5针一束，长8 ~ 15cm。质柔软，边缘具细锯齿，树脂道多为3。球果圆锥状长卵形，成熟时种鳞张开，种子脱落。种子无翅，两侧及顶端具棱脊。花期5月，球果次年

9 ~ 10月成熟。

生长习性：阳性树种，喜温凉湿润气候，耐寒力强，能适应多种土壤。根系较浅，主根不明显，侧根、须根发达。对二氧化硫抗性较强。华山松高大挺拔，针叶苍翠，冠形优美，生长迅速，是优良的庭院和风景区绿化树种。

花期：5月。

致敏性：花粉致敏，致敏性弱。

花粉特征：花粉量大，花粉飘散浓度高、时间长。光学显微镜下可见花粉粒椭圆形，体长45 ~ 57微米，气囊表面光滑，分于花粉两侧，帽上具颗粒状纹饰，帽缘显著。

白皮松 *Pinus bungeana* Zucc.

别名：三针松、白果松、白骨松、蟠龙松、虎皮松。

地理分布：主要分布于山西、河南西部、陕西秦岭、甘肃南部、四川北部及湖北西部等地，生于海拔500 ~ 1800米地带。宁夏银川市等城市有栽培，如银川市中山公园、枕水花园、紫云华庭、北方民族大学等区域有栽植。

植物形态：乔木，高可达30米，有明显的主干，或从树干近基部分成数干；枝较细长，斜展，塔形或伞形树冠；幼树树皮光滑，灰绿色，长大后树皮成不规则的薄块片脱落，露出淡黄绿色的新皮，老则树皮呈淡褐灰色或灰白色，裂成不规则的鳞状块片脱落，脱落后近光滑，露出粉白色的内皮，白褐相间成斑鳞状。一年生枝灰绿色，无毛；冬芽红褐色，卵圆形，无树脂。针叶3针一束，粗硬，叶背及腹面两侧均有气孔线，先端尖，边缘有细锯齿，叶鞘脱落。雄球花卵圆形或椭圆形，多数聚生于新枝基部成穗状。球果单生，卵圆形或圆锥状卵圆形；种鳞矩圆状宽楔形，有横脊；种子灰褐色，近倒卵圆形，种翅短，赤褐色。花期5月，球果次年10月成熟。

生长习性：中国特有树种，喜光树种，深根性，寿命长，耐瘠薄土壤及较干冷的气候，在气候温凉、土层深厚、肥润的钙质土和黄土上生长良好，对二氧化硫及烟尘的污染有较强的抗性。树姿优美，树皮白色或褐白相间，奇特美观，为优良的绿化观赏树种。

花期：5月。

致敏性：花粉致敏，致敏性弱。挥发性混合物致敏。

花粉特征：花粉量极大，散粉季节在空气中花粉飘散浓度高、时间长。光学显微镜下可见花粉粒椭圆形，体长约69 ~ 90微米，帽缘明显，帽上有紧密形如弯曲线条状的颗粒纹饰，气囊分列两侧，气囊表面光滑，向内呈网状凹展。

挥发性混合物特征：白皮松植株含挥发性成分可飘散于空气中，随春夏季节温度升高、光照增强，植株的代谢活动加强，产生和释放的挥发性次生代谢成分增多，在其周围产生林木特有气味的空气环境，其挥发性混合物中有些成分可对敏感人群产生潜在的致敏性。从白皮松植株挥发物中检测出烷烃、烯烃、炔烃、醇、酮、醛、酯、酸、芳香烃、醚等11类130余种成分，主要含有α-蒎烯、D-柠檬烯、1，6-庚二烯-3-炔、乙烯、己烷、甘菊烯等。

2. **云杉属** *Picea* A. Dietr.

青海云杉 *Picea crassifolia* Kom.

地理分布：分布于祁连山区、青海、甘肃 、宁夏、内蒙古等省区，生于海拔1750 ~ 3100米的山地阴坡和半阴坡及潮湿谷地。宁夏贺兰山、六盘山等地有分布，银川市等城市有栽培，如银川市西夏公园、森林公园、海宝公园、中山公园、凤凰公园、宝湖公园、人民广场、上海西路、亲水北大街、宁朔街、迎宾大道、灵州大街、中兴路、富兴路、居安路、民生花园、唐槐园、学林园、宁夏人民医院、滨河东路等区域有栽植。

植物形态：乔木，高可达23米。嫩枝淡绿黄色，小枝呈粉红色或淡褐黄色、老枝呈淡褐色、褐色或灰褐色。叶较粗，四棱状条形，近辐射伸展，下面及两侧之叶向上弯伸，先端钝。球果圆柱形或矩圆状圆柱形，成熟前种鳞背部露出部分绿色，上部边缘紫红色。中部种鳞倒卵形，边缘全缘或微成波状，苞鳞短小，三角状匙形。种子斜倒卵圆形，种翅倒卵状，淡褐色，先端圆。花期5月，9 ~ 10月球果成熟。

生长习性：生长缓慢，适应性强，可耐-30℃低温，耐旱，耐瘠薄，喜中性土壤，忌水涝，浅根性树种，抗风力差。

花期： 5月。

致敏性： 花粉致敏，致敏性弱。

花粉特征： 花粉量大，花粉飘散时间长，浓度大。光学显微镜下可见花粉粒椭圆形，大小约92 ~ 110微米，外壁外层厚内层薄，边缘区与气囊连接处形成帽檐，帽上有较细的颗粒状纹理，具两个半圆形气囊，分列于两侧，与体阔相似或稍大，气囊上有较细的网状纹饰。

3.落叶松属 *Larix* Mill.

华北落叶松 *Larix gmelinii principis-rupprechtii* Wayr

别名：落叶松、雾灵落叶松。

地理分布：分布于河北、山西等省区，生于海拔1400 ~ 2800米高山上部地带。宁夏六盘山与南华山等地有分布，银川市、固原市等城市有栽培，如银川市陶然水岸、建发城市花园、政兴苑等区域有栽植。

植物形态：乔木，高可达30米。树皮暗灰褐色，不规则纵裂，成小块片脱落。枝平展，具不规则细齿。叶片在长枝上螺旋状散生，在短枝上呈簇生状，倒披针状窄条形，扁平，稀呈四棱形。苞鳞暗紫色，近带状矩圆形，球果基部苞鳞的先端露出。种子斜倒卵状椭圆形，灰白色，种翅上部三角状。花期5月，10月球果成熟。

生长习性：强阳性树种，对土壤适应性强，根系发达，抗风力较强，有一定的耐湿、耐旱和耐瘠薄能力，对不良气候的抵抗力较强，是高山地区的森林更新和荒山造林树种。树形高大雄伟挺拔，叶簇状如金钱，秋霜后树叶变为金黄色，雌球花授粉时呈现出鲜艳的红色、紫红色或红绿色，具有良好的园林观赏价值。

花期：5月。

致敏性：花粉致敏，致敏性弱。

花粉特征：花粉量大、飘散时间长。光学显微镜下可见花粉粒长球形，长约77 ~ 84微米，表面具细网状纹饰，网眼大小不均匀，网眼具颗粒，无孔、沟和气囊。

二、柏科 Cupressaceae

1. 刺柏属 *Juniperus* L.

圆柏 *Juniperus chinensis* L.

别名： 柏树、桧、桧柏。

地理分布： 广泛分布于我国各省区，为各地普遍栽培绿化树种。宁夏多地普遍栽培，如银川市西夏公园、森林公园、海宝公园、中山公园、人民广场、上海西路、亲水北大街、迎宾大道、中兴路、富兴路、民生花园、陶然水岸、政兴苑、银西防护林、滨河东路等区域有栽植。

植物形态： 常绿乔木，高可达20米。树皮深灰色，纵裂，成条片开裂；幼树的枝条通常斜上伸展，形成尖塔形树冠，老则下部大枝平展，形成广圆形的树冠。叶二型，即刺叶及鳞叶，叶在幼树上全为刺形，随着树龄的增长刺形叶逐渐被鳞形叶代替；刺形叶3叶轮生或交互对生，鳞形叶交互对生，排列紧密，先端钝或微尖，背部面近中部有椭圆形腺体。雌雄异株，稀同株，雄球花黄色，椭圆形，雄蕊5 ~ 7对，常有3 ~ 4花药。

球果近圆球形，两年成熟，熟时暗褐色，被白粉或白粉脱落。有1 ~ 4粒种子，种子卵圆形，有棱脊及少数树脂槽。花期4月，果期10月。

生长习性：喜光树种，较耐荫，喜温凉、温暖气候及湿润土壤，也能生于酸性、中性及石灰质土壤，对干旱及潮湿均有一定的抗性。深根性，侧根也发达。对氯气、二氧化硫等有害气体有一定抗性，能吸收一定数量的硫和汞。

花期：4月。

致敏性：花粉敏性，致敏性强。

花粉特征：花粉量大，花粉飘散浓度高、时间长。光学显微镜下可见花粉粒球形，直径约36微米，外壁薄，表面具有大而疏密不均匀的颗粒，中间具一不规则原生质团，无萌发孔。

叉子圆柏 *Juniperus sabina* L.

别名：双子柏、爬柏、臭柏、新疆圆柏、天山圆柏。

地理分布：分布于新疆天山至阿尔泰山、内蒙古、青海东北部、甘肃祁连山北坡、陕西北部榆林等地区，生于海拔1100 ~ 2800米地带的多石山坡，或生于针叶树或针叶树阔叶树混交林内。宁夏贺兰山、罗山等地有分布，银川市等城市有栽培，如银川市中山公园、宝湖公园、人民广场等区域有栽植。

植物形态：匍匐灌木，枝稠密斜上伸展，枝皮灰褐色。叶二型，刺叶常生于幼树，交互对生或三叶交叉轮生，鳞叶生壮龄树，交互对生。雌雄异株，雄球花椭圆形或矩圆形，雄蕊5 ~ 7对，各具2 ~ 4花药；雌球花曲垂或初期直立而随后俯垂。球果生于向下弯曲的小枝顶端，多为倒三角状球形，成熟时褐色至紫蓝色或黑色，常具2 ~ 3粒种子，种子常为卵圆形，有纵脊与树脂槽。花期4月，果期10月。

生长习性：喜光，耐寒，耐旱，耐瘠薄，一般分布在固定和半固定沙地上，根系发达，细根极多，在10 ~ 60厘米的土层内形成纵横交错的根系网，能耐受风蚀沙埋，长期适应干旱的环境，是干旱、半干旱地区防风固沙和水土保持的优良树种。

花期：4月。

致敏性：花粉敏性，致敏性强。

花粉特征：花粉量中等，花粉飘散时间长。光学显微镜下可见花粉粒球形，直径约36微米，外壁薄，表面具疏密不均的颗粒，无萌发孔。

刺柏 *Juniperus formosana* Hayata.

地理分布： 分布于山西、甘肃、四川、云南等省区，温带至寒带地区均广泛分布，生于海拔2200米左右的山坡或林地。宁夏六盘山等地有分布，银川市等城市有栽培，如银川市森林公园、海宝公园、中山公园、凤凰公园、宝湖公园、贺兰山中路、北京中路、上海西路、宁朔街、迎宾大道、富兴路、居安路、民生花园、唐槐园、北方民族大学、宁夏人民医院、滨河东路、滨河西路等区域有栽植。

植物形态： 乔木，高可达12米，树皮褐色，纵裂成长条薄片脱落。枝条斜展或直展，树冠塔形或圆柱形。小枝下垂，叶片三叶轮生，条状披针形或条状刺形。雄球花圆球形或椭圆形，背有纵脊。球果近球形或宽卵圆形，两年成熟，种子常见3粒。花期4月，果期10月。

生长习性： 耐寒耐旱，抗逆性强，叶片苍翠，夏绿冬青，树形美观，可有效吸附尘埃，净化空气，是城市绿化中最常见树种之一。

花期： 4月。

致敏性： 花粉致敏，致敏性强。

花粉特征： 花粉量大，散粉季节空气中飘散花粉浓度大。光学显微镜下可见花粉粒球形，直径约36微米，外壁薄，无萌发孔。

杜松 *Juniperus rigida* Sieb. et Zucc.

别名：刚桧、崩松、棒儿松、普圆柏、软叶杜松。

地理分布：分布于黑龙江、吉林、辽宁、内蒙古、宁夏、河北、山西、陕西及甘肃等省区，生于海拔2000 ~ 2200米的干旱山坡。宁夏贺兰山、罗山等地有分布，银川市等城市有栽培，如银川市西夏公园、中山公园、居安路、枕水花园等区域有栽植。

植物形态：常绿小乔木或灌木，高达10米，树冠圆柱形，老时圆头形。枝条直展，大枝直立，小枝下垂。叶为条状刺形质坚硬，三叶轮生，先端锐尖，上面凹下成深槽，槽内有一条窄白粉带，下面有明显纵脊。雄球花椭圆状或近球状，药隔宽卵形，先端尖，背面有纵脊。球果圆球形，常被白粉。种子近卵圆形，顶端尖，有4条不显著的棱角。花期4月，果期10月。

生长习性：强阳性树种，耐荫，耐干旱，耐严寒，喜冷凉气候。深根性，对土壤的适应性强。其枝叶浓密下垂，树姿优美，是北方各地栽植为庭园树、风景树、行道树等的绿化树种。

花期：4月。

致敏性：花粉致敏，致敏性强。挥发性混合物致敏，致敏性弱。

花粉特征：花粉量大。光学显微镜下可见花粉粒球形，直径约20 ~ 25微米，外壁薄，无萌发孔，表面无明显纹饰与瘤状突起。

挥发性混合物特征：挥发性混合物中成分种类与含量均高于刺柏属其他植物，含α-蒎烯、γ-蒎烯、月桂烯、柠檬烯、桧烯、苧酮、β-丁香烯、软木烯、十一烷醇等。

2.侧柏属 *Platycladus* Spach.

侧柏 *Platycladus orientalis*（L.）Franco.

别名：香柏、扁柏、扁桧、黄柏、香树、香柯树。

地理分布：除青海和新疆外，我国各省区均有栽培和野生分布，生于海拔250 ~ 3300米的平原及山地。宁夏多地普遍栽培，如银川市西夏公园、森林公园、海宝公园、中山公园、人民广场、贺兰山中路、北京中路、上海西路、中兴路、居安路、民生花园、陶然水岸、银西防护林等区域有栽植。

植物形态：常绿乔木，高达20余米，胸径可达1米，树皮薄，浅灰褐色，纵裂成条片。树冠广卵形，枝条向上伸展或斜展，幼树树冠卵状尖塔形，老树树冠则为广圆形。叶鳞形，呈交叉对生排列，叶背中部具腺槽。雌雄同株，花单性。雄球花黄色，卵圆形，由交互对生的小孢子叶组成，每个小孢子叶生有3个花粉囊，雌球花近球形，蓝绿色，被白粉。球果近卵圆形，当年10月成熟，种鳞木质化，开裂，种子不具翅或有棱脊。花期4月，果期10月。

生长习性：喜光，耐干旱瘠薄，适应性强，在酸性、中性、石灰性和轻盐碱土壤中均可生长，可抗烟尘，抗二氧化硫、氯化氢等有害气体，是常见的庭园绿化树种。

花期：4月。

致敏性：花粉致敏，致敏性强。挥发性混合物致敏，致敏性弱。

花粉特征：花粉量极大，花粉飘散浓度高、时间长。光学显微镜下可见花粉粒球形，直径21 ~ 29微米，外壁光滑，薄而透明，可见内部团状物，表面具模糊不均的颗粒，无孔沟。

挥发性混合物特征：侧柏在春、夏和秋季均产生和释放挥发性物质，以春季和夏季释放的挥发物种类和数量较多，其中春季释放的挥发性物质中检测出成分达160余种，夏季释放的挥发性成分达80余中，挥发性成分中主要含 α－蒎烯、月桂烯、柠檬烯、4（10）崖柏烯、对－薄荷－1（7）、3－二烯、β－水芹烯、4－莰烯、金合欢烯等。

青杨 *Populus cathayana* Rehd.

地理分布：广泛分布于宁夏、辽宁、四川等省区，生于海拔800 ~ 3000米的沟谷、河岸和阴坡山麓。为我国北方的常见树种，各地有栽培。宁夏固原市等地有分布。

植物形态：落叶乔木，高可达30米。树冠阔卵形。树皮幼时灰绿色平滑，老时灰白色浅纵裂。枝和叶柄圆柱形，无毛。短枝叶卵形、椭圆状卵形、椭圆形或狭卵形，上面亮绿色，下面绿白色，脉两面隆起，尤以下面为明显，具侧脉，无毛，长枝或萌枝叶较大，卵状长圆形，基部常微心形。芽长圆锥形，无毛，紫褐色或黄褐色，多黏质。雄花序长5 ~ 6厘米，雄蕊30 ~ 35，苞片条裂；雌花序长4 ~ 5厘米，柱头2 ~ 4裂；果序长10 ~ 15厘米。蒴果卵圆形，常见3 ~ 4瓣裂。花期4月，果期4 ~ 5月。

生长习性：青杨喜温凉湿润，生长快，萌蘖性强，根系发达，分布深广，具有一定的抗旱能力和耐寒性。

花期：4月。

致敏性：花粉致敏，致敏性中等。飞絮刺激性致敏。

花粉特征：花粉量大，花粉飘散浓度大、时间长，为北方春季出现最早的致敏性花粉。光学显微镜下可见花粉粒近球形，常见不规则，直径约25 ~ 28微米，外壁薄，无孔沟，表面具模糊的颗粒状纹饰。

飞絮特征：蒴果卵圆形，蒴果成熟即开裂，释放飘散羽绒状飞絮，飞絮量大，飘散时间长，为北方春季主要的刺激性致敏飞絮。

长约2.5厘米，花序轴有短绒毛或无毛，子房具梗、柱头宽阔，紫红色，长卵形，被短绒毛或无毛长，柱头浅裂，鲜红或淡黄绿色。蒴果长卵圆形，长10 ~ 12毫米，2 ~ 3瓣裂，无毛。花期5月，果期6 ~ 7月。

生长习性：胡杨是干旱大陆性气候条件下的树种，喜光，耐热，耐旱，耐盐碱，抗风沙，也较耐寒，有很强的生命力，在荒漠河流沿岸、河漫滩细沙等沙质土上生长最为良好，对温度大幅度变化的适应能力很强，是荒漠地区特有的森林资源。

花期：5月。

致敏性：花粉致敏，致敏性中等。

花粉特征：花粉量中等。光学显微镜下可见花粉粒圆球形，直径约25微米，外壁薄，无孔沟，表面具模糊的颗粒状纹饰。

小青杨 *Populus pseudosimonii* Kitag.

地理分布：分布于宁夏、陕西、甘肃、青海、四川、黑龙江、辽宁等地区，生于海拔2300m以下的山坡、山沟和河岸。宁夏固原市等地有分布。

植物形态：落叶乔木，高达20米。树冠广卵形。树皮灰白色，老时浅沟裂。幼枝绿色或淡褐绿色，有棱；小枝圆柱形，淡灰色或黄褐色，无毛。芽圆锥形，黄红色，有黏性。叶菱状椭圆形、菱状卵圆形、卵圆形或卵状披针形，先端渐尖或短渐尖，边缘具细密交错起伏的锯齿，有缘毛，上面深绿色，无毛，罕脉上被短柔毛，下面淡粉绿色，无毛；叶柄圆形，顶端有时被短柔毛；萌枝叶较大，长椭圆形，边缘呈波状皱曲，叶柄较短。雄花序长5 ~ 8厘米；雌花序长5.5 ~ 11厘米，子房圆形或圆锥形，无毛，柱头2 裂。蒴果近无柄，长圆形，先端渐尖，2 ~ 3瓣裂。花期4月，果期4 ~ 5月。

生长习性：阳性树种，喜温凉气候，耐干冷，生长快，适应性强，常为绿化树种。

花期：4月。

致敏性：花粉致敏，致敏性中等。飞絮刺激性致敏。

花粉特征：花粉量大，花粉飘散浓度大、时间长。光学显微镜下可见花粉粒圆球形，直径约25微米，外壁薄，无孔沟，表面具模糊的颗粒状纹饰。

飞絮特征：蒴果细圆锥形，蒴果成熟即开裂，释放飘散羽绒状飞絮，飞絮量大，飘散时间长。

小叶杨 *Populus simonii* Carr.

别名：南京白杨、河南杨、明杨。

地理分布：广泛分布于东北、华北、华中、西北及西南各省区，以黄河中下游地区分布最为集中，生于海拔2000米以下的山沟、河边、阶地、梁峁上等地。宁夏多地普遍分布。

植物形态：落叶乔木，高达20米。树冠近圆形。树皮幼时灰绿色，老时暗灰色，表面粗糙，有粗大的沟状裂隙。芽细长，先端长渐尖，褐色，有黏质。菱状卵形、菱状椭圆形或菱状倒卵形，边缘平整，细锯齿，无毛，上面淡绿色，下面灰绿或微白，无毛。雄花序长2 ～ 7厘米，花序轴无毛，苞片细条裂，雄蕊8 ～ 9；雌花序长2.5 ～ 6厘米；苞片淡绿色，裂片褐色，无毛，柱头2裂。果序长15厘米；蒴果小，2 ～ 3瓣裂，无毛。花期4月，果期4 ～ 5月。

生长习性：喜光树种，根系发达，固土抗风能力强，适应性强，耐旱，抗寒，耐瘠薄或弱碱性土壤，对气候和土壤要求不严，在沙壤土、黄土、冲积土、灰钙土上均能生长，为防风固沙、护堤固土、绿化观赏的树种。

花期：4月。

致敏性：花粉致敏，致敏性中等。飞絮刺激性致敏。

花粉特征：花粉量大，花粉飘散浓度大、时间长。光学显微镜下可见花粉粒圆球形，直径约25微米，外壁薄，无孔沟，表面具模糊的颗粒状纹饰。

飞絮特征：蒴果成熟即开裂，释放飘散羽绒状飞絮，飞絮量大，飘散时间长。

毛白杨 *Populus tomentosa* Carr.

地理分布：广泛分布于我国东北、华北、西北、华中等地区，生于海拔1500米以下的平原地区。宁夏多地普遍分布和栽培，如银川市西夏公园、中山公园、人民广场、灵州大道、湖滨小区、紫云华庭、滨河西路等区域有栽植。

植物形态：落叶乔木，高达30米。树冠圆锥形至卵圆形或圆形。树皮幼时暗灰色，老时基部黑灰色，纵裂粗糙。长枝叶阔卵形或三角状卵形，边缘深齿牙缘或波状齿牙缘，短枝叶通常较小，卵形或三角状卵形，具深波状齿牙缘。芽卵形，花芽卵圆形或近球形，微被毡毛。雄花序长10 ~ 14厘米，苞片约具10个尖头，密生长毛，雄蕊6 ~ 12，花药红色；雌花序长4 ~ 7厘米，苞片褐色，尖裂，沿边缘有长毛；子房长椭圆形，柱头2裂，粉红色。果序长达15厘米；蒴果圆锥形或长卵形，2瓣裂。花期4月，果期4 ~ 5月。

生长习性：深根性，主根和侧根发达，耐旱力较强，黏土、壤土、沙壤上或低湿轻度盐碱土均能生长。生长快，树干通直挺拔，树姿雄壮，冠形优美，是防护林和行道河渠绿化树种。

花期：4月。

致敏性： 花粉致敏，致敏性中等。飞絮刺激性致敏。

花粉特征： 花粉量极大，花粉飘散浓度大、时间长。光学显微镜下可见花粉粒圆球形，直径我25微米，外壁薄，无孔沟，表面具模糊的颗粒状纹饰。

飞絮特征： 蒴果圆锥形或长卵形，蒴果成熟即开裂，释放飘散羽绒状飞絮，飞絮量大，飘散时间长。

新疆杨 *Populus alba* var. *pyramidalis* Bge.

别名：白杨、新疆奥力牙苏、帚形银白杨、加拿大杨、新疆银白杨。

地理分布：广泛分布于北方各省区，生于海拔1500米以下的平原地区。宁夏引黄灌区等地普遍栽培，如银川市西夏公园、森林公园、海宝公园、中山公园、宝湖公园、贺兰山中路、北京中路、灵州大街、居安路、陶然水岸、紫云华庭、北方民族大学、银西防护林、滨河东路、滨河西路等区域有栽植。

植物形态：落叶乔木，高15～30米。树冠窄圆柱形或尖塔形。树皮为灰白或青灰色，光滑少裂。萌条和长枝叶掌状深裂，叶柄侧扁或近圆柱形，被白绒毛。芽、幼枝密被白色绒毛。雄花序长3～6厘米；花序轴有毛，苞片条状分裂，边缘有长毛，柱头2～4裂；雄蕊5～20。雌花序长5～10厘米，花序轴有毛，雌蕊具短柄，花柱短，柱头2。蒴果细圆锥形，常2瓣裂，无毛。花期4月，果期4～5月。

生长习性：喜光，抗大气干旱，抗风，抗烟尘，较耐盐碱，树型及叶形优美，为优良的绿化和防护林树种。

花期：4月。

致敏性：花粉致敏，致敏性中等。飞絮刺激性致敏。

花粉特征：花粉量极大，花粉飘散浓度大、时间长。光学显微镜下可见花粉粒圆球形，直径约25微米，外壁薄，无孔沟，表面具模糊的颗粒状纹饰。

飞絮特征：蒴果细圆锥形，蒴果成熟即开裂，释放飘散羽绒状飞絮，飞絮量大，飘散时间长。

小黑杨 *Populus* × *xiaohei* T. S. Hwang et Liang

地理分布： 我国从北方黑龙江省到南方黄河流域各省区均有栽培。宁夏多地普遍栽培，如银川市森林公园、海宝公园、凤凰公园、上海西路、宁朔街、迎宾大道、富兴路、民生花园、陶然水岸、北方民族大学、滨河东路等区域有栽植。

植物形态： 落叶乔木，高可达20米。树干通直圆满，侧枝较多，树冠长卵形，树皮光滑，灰绿色，皮孔条状，稀疏。长枝叶常为广卵形或菱状三角形，先端短渐尖或突尖，基部微心形或广楔形；短枝叶菱状椭圆形或菱状卵形，边缘圆锯齿，近基部全缘，具极狭半透明边，上面亮绿色，下面淡绿色，光滑。雄花序有花50余朵，雄蕊20 ~ 30，花盘扇形，黄色，苞片纺锤形，黄色，先端褐色，条状分裂；雌花序长5 ~ 7厘米，果期长达17厘米。蒴果较大，卵状椭圆形，种子倒卵形，红褐色。花期4月，果期4 ~ 5月。

生长习性：喜光，喜冷湿气候，喜生于土壤肥沃排水良好的砂质壤土，生长快，适应能力很强，具有较强的耐瘠薄、耐盐碱特性，其抗寒、抗旱、抗病虫害和生长速度等优良特性均强于小叶杨和小青杨，是我国北方沙荒和干旱地区的优良速生绿化树种。

花期：4月。

致敏性：花粉致敏，致敏性中等。飞絮刺激性致敏。

花粉特征：花粉量大，花粉飘散浓度大、时间长。光学显微镜下可见花粉粒近圆球形，直径约25微米，外壁薄，无孔沟，表面具模糊的颗粒状纹饰。

飞絮特征：蒴果细圆锥形，蒴果成熟即开裂，释放飘散羽绒状飞絮，飞絮量大，飘散时间长。

河北杨 *Populus* × *hopeiensis* Hu et Chow

地理分布：分布于华北、西北各省区，各地普遍栽培，多生长于海拔700 ~ 1600米的河流两岸、沟谷阴坡及冲积阶地上。宁夏固原、须弥山等地有分布，多地普遍栽培，如银川市海宝公园、中山公园、凤凰公园、宝湖公园、贺兰山中路、北京中路、上海西路、亲水北大街、宁朔街、迎宾大道、中兴路、富兴路、居安路、唐槐园、政兴苑、宁夏人民医院、银西防护林等区域有栽植。

植物形态： 落叶乔木，高可达30米。树冠圆大。树皮黄绿色至灰白色，光滑。叶卵形或近圆形，先端急尖或钝尖，基部截形、圆形或广楔形，边缘有弯曲或不弯曲波状粗齿，齿端锐尖，内曲，上面暗绿色，下面淡绿色。雄花序长约5厘米，花序轴被密毛，雌花序长3 ~ 5厘米，花序轴被长毛。蒴果长卵形，有短柄。子房卵形，光滑，柱头2裂。花期4月，果期4 ~ 5月。

生长习性： 为山杨和毛白杨的天然杂交种，且常出现复交情况，因此树形、树皮及叶形变化很大，有时近似山杨，有时近似毛白杨。具耐寒、耐旱特性，喜湿润，但不抗涝。为华北、西北黄土丘陵峁顶、梁坡、沟谷及沙滩地的水土保持或用材林造林树种，也作为庭院、行道绿化的优良树种。

花期： 4月。

致敏性： 花粉致敏，致敏性中等。飞絮刺激性致敏。

花粉特征： 花粉量大，花粉飘散浓度大、时间长。光学显微镜下可见花粉粒近圆球形，直径约25微米，外壁薄，无孔沟，表面具模糊的颗粒状纹饰。

飞絮特征： 蒴果细圆锥形，蒴果成熟即开裂，释放飘散羽绒状飞絮，飞絮量大，飘散时间长。

2. 柳属 *Salix* L.

垂柳 *Salix babylonica* L.

地理分布：广泛分布于我国各省区，是常见绿化树种。宁夏全区普遍栽培，如银川市西夏公园、森林公园、海宝公园、中山公园、凤凰公园、宝湖公园、人民广场、贺兰山中路、北京中路、亲水北大街、富兴路、居安路、枕水花园、太阳都市花园、建发城市花园、民生花园、陶然水岸、唐槐园、湖滨小区、学林园、政兴苑、宁夏大学、北方民族大学、滨河西路等区域有栽植。

植物形态：落叶乔木，高达12 ~ 18米，树冠开展而疏散。树皮灰黑色，不规则开裂。小枝细长下垂，淡黄褐色。叶互生，披针形或条状披针形，无毛或幼叶微有毛，细锯齿缘。雄花序长1.5 ~ 3厘米，有短梗，轴有毛；雄蕊2，花丝分离，花药黄色。雌花序长达2 ~ 5厘米，轴有毛；子房椭圆形，无毛或下部稍有毛，无柄或近无柄，花柱短，柱头2 ~ 4深裂。果有序长2 ~ 5厘米，蒴果长3 ~ 4毫米，绿黄褐色，2瓣开裂。花期4 ~ 5月，果期4 ~ 5月。

生长习性：喜光，萌芽力强，根系发达，生长迅速，较耐寒，特耐水湿，适宜配植在水边，可作庭荫树、行道树、公路树，也是固堤护岸的重要树种。

花期：4 ~ 5月。

致敏性：花粉致敏，致敏性中等。飞絮刺激性致敏。

花粉特征：花粉量大，飘散时间长。光学显微镜下可见花粉粒长球状三裂圆形，直径约18 ~ 30微米，具明显的网状雕纹，网眼大小不均匀，网脊为颗粒所形成，萌发孔具三孔沟、沟深宽。

飞絮特征：蒴果成熟即开裂，释放飘散羽绒状飞絮，飞絮量中等，飘散时间长。

密齿柳 *Salix characta* Schneid.

地理分布：分布于甘肃、青海、内蒙古、山西、河北、陕西等省区，生于海拔2200 ~ 3200的山坡和山谷中。宁夏贺兰山、六盘山等地有分布。

植物形态：灌木，高可达5米。小枝灰黄褐色或红棕色，幼时微有柔毛。芽卵圆形，黄红色。叶披针形或长圆状披针形，两端急尖，上面绿色，微被柔毛，下面灰绿色，叶脉显著突起，叶缘具带腺的细锯齿；叶柄长1 ~ 3毫米，具长柔毛。花序短，长1.5 ~ 2.5厘米，果序长达4厘米，花密集，轴具柔毛。雄花序长1.5 ~ 2.0 厘米，具2雄蕊，花丝无毛；雌花序长1 ~ 2 厘米，苞片卵形，先端钝，子房被短绒毛，花柱明显，柱头短，全缘或微裂。果序长2厘米，蒴果长约4毫米，被短绒毛，2 瓣裂。花期4 ~ 5月，果期5 ~ 6月。

花期：4 ~ 5月。

致敏性：花粉致敏，致敏性中等。飞絮刺激性致敏。

花粉特征：花粉量大、飘散时间长。光学显微镜下可见花粉粒长球状三裂圆形，直径约18 ~ 30微米，表面具网状纹饰，网眼大小不均匀，网眼具颗粒，萌发孔具三孔沟。

飞絮特征：蒴果成熟即开裂，释放飘散白色绒毛状飞絮，飞絮飘散时间长。

乌柳 *Salix cheilophila* C.K. Schneid.

地理分布：分布于河北、山西、陕西、宁夏、甘肃、青海、河南、四川、云南、西藏东部等地区。生长在海拔750 ~ 3000米的山河沟边。宁夏贺兰山、六盘山等地有分布。

植物形态：灌木或小乔木，高达5米。枝初被绒毛或柔毛，后无毛，灰黑色或黑红色。芽具长柔毛。叶线形或线状倒披针形，先端渐尖或具短硬尖，上面绿色疏被柔毛，下面灰白色，密被绢状柔毛，中脉显著突起，边缘外卷，上部具腺锯齿，下部全缘；叶柄长1 ~ 3毫米，具柔毛。花序与叶同时开放，基部具2 ~ 3小叶。雄花序长1.5 ~ 2.3厘米，密花；雄蕊2，花丝无毛，花药黄色；雌花序长1.3 ~ 2厘米，密花，花序轴具柔毛；子房卵形或卵状长圆形，密被短毛，花柱短或无，柱头小。果序长2厘米，蒴果长3毫米。花期4 ~ 5月，果期5 ~ 6月。

生长习性：适宜在沟谷滩地、河流两岸及较湿润的沙地中栽植，是防风固沙、护岸保土的重要造林树种，也是荒山、荒坡、荒地造林的理想树种。

花期：4 ~ 5月。

致敏性：花粉致敏，致敏性中等。飞絮刺激性致敏。

花粉特征：花粉量大、飘散时间长。光学显微镜下可见花粉粒长球状三裂圆形，直径约18 ~ 30微米，表面具网状纹饰，网眼大小不均匀，网眼具颗粒萌发孔具孔沟。

飞絮特征：蒴果成熟即开裂，释放飘散白色绒毛状飞絮，飞絮飘散时间长。

中华柳 *Salix cathayana* Diels.

地理分布：分布于河北、陕西、宁夏、河南、湖北、四川、云南等省区，生长于海拔1800 ~ 3000米的山谷和山坡灌丛中。宁夏六盘山等地有分布。

植物形态：灌木，高1.5米，多分枝。叶长椭圆形或椭圆状披针形，全缘；叶柄长2 ~ 5毫米，略有柔毛。雄花序长2 ~ 4厘米，密花，花序梗有长柔毛，常具3叶；雄蕊2，花丝下部有疏长柔毛，花药黄色，苞片卵圆形或倒卵圆形，具缘毛。雌花序狭圆柱形，长2 ~ 4厘米，花序梗短，密花；子房椭圆形，无毛，花柱短，顶端2裂，柱头短，2裂。蒴果卵状近球形，长3 ~ 4毫米。花期4 ~ 5月，果期5 ~ 6月。

生长习性：耐水湿，也能生于旱处。

花期：4 ~ 5月。

致敏性：花粉致敏，致敏性中等。飞絮刺激性致敏。

花粉特征：花粉量大、飘散时间长。光学显微镜下可见花粉粒长球状三裂圆形，直径我18 ~ 30微米，表面具网状纹饰，网眼大小不均匀，网眼具颗粒，萌发孔具三孔沟。

飞絮特征：蒴果成熟即开裂，释放飘散白色绒毛状飞絮，飞絮飘散时间长。

小叶柳 *Salix hypoleuca* Seemen.

别名： 山杨柳、红梅蜡。

地理分布： 广泛分布于山西、陕西、甘肃、湖北、四川、贵州等省区，生于海拔1400 ~ 2700m的山坡林缘及山沟。宁夏六盘山等地有分布。

植物形态： 灌木，高3.5米。枝暗棕色，无毛。叶椭圆状披针形，上面深绿色，无毛或近无毛，下面苍白色，无毛，叶脉明显突起，全缘。雄花序长2.5 ~ 4.5厘米，雄蕊2，花丝中下部有长柔毛，花药球形，黄色；雌花序长2.5 ~ 5厘米，密花，花序梗短；子房长卵圆形，花柱2裂，柱头短。果序3 ~ 5厘米，蒴果卵圆形，长约4毫米，2瓣开裂，近无柄。花期4 ~ 5月，果期5 ~ 6月

花期： 4 ~ 5月。

致敏性： 花粉致敏，致敏性中等。飞絮刺激性致敏。

花粉特征： 花粉量大。光学显微镜下可见花粉粒长球状三裂圆形，直径约18 ~ 30微米，表面具网状纹饰，网眼大小不均匀，网眼具颗粒，萌发孔具三孔沟。

飞絮特征： 蒴果成熟即开裂，释放飘散白色绒毛状飞絮，飞絮飘散时间长。

小红柳 *Salix microstachya* var. *bordensis* (Nakai) C. F. Fang

地理分布：分布于内蒙古、宁夏、黑龙江、吉林、辽宁西部等省区，生于固定沙丘间湿地，或河、湖边低湿地。宁夏灵武、盐池等地有分布。

植物形态：灌木，高约1米，小枝灰紫褐色，无毛或稍有短柔毛。芽卵形，有丝状毛。叶线形或线状倒披针形,两端渐狭，初两面有丝状柔毛，后近无毛，边缘有不明显的细齿，或近全缘。花先叶开放或近同时开放，花序圆柱形，长1 ~ 2厘米，雄蕊2，花丝和花药合生，子房卵状圆锥形，无毛，绿褐色，花柱短而明显，柱头红褐色，2浅裂。花期4 ~ 5月，果期5 ~ 6月。

生长习性：喜水湿，抗风沙，耐一定盐碱，耐严寒和酷热。

花期：4 ~ 5月。

致敏性：花粉致敏，致敏性中等。飞絮刺激性致敏。

花粉特征：花粉量大。光学显微镜下可见花粉粒长球状三裂圆形，直径约18 ~ 30微米，表面具网状纹饰，网眼大小不均匀，网眼具颗粒，萌发孔具三孔沟。

飞絮特征：蒴果成熟即开裂，释放飘散白色绒毛状飞絮，飞絮量大、飘散时间长。

山柳 *Salix Phylicifolia* L.

地理分布：分布于甘肃、宁夏、四川、青海等省区，生长在海拔3200 ~ 4300米的山脊、山坡及山沟河边，灌丛等处。宁夏贺兰山等地有分布。

植物形态：直立矮小灌木，高约1.5米。幼枝被灰绒毛，后无毛。叶椭圆形或卵圆形，上面绿色，下面灰色或稍苍白色，叶脉网状凸起。雄花序长1.5 ~ 2.5厘米，苞片圆柱形，花密集，花序梗短，雌花序长3.0 ~ 4.5厘米，花密生，子房卵形，具长柔毛，柱头2裂，果序长约6厘米，蒴果长7 ~ 10厘米，被短柔毛。花期4 ~ 5月，果期5 ~ 6月。

花期：4 ~ 5月。

致敏性：花粉致敏，致敏性中等。飞絮刺激性致敏。

花粉特征：花粉量大。光学显微镜下可见花粉粒长球状三裂圆形，直径约18 ~ 30微米，表面具网状纹饰，网眼大小不均匀，网眼具颗粒，萌发孔具三孔沟。

飞絮特征：蒴果成熟开裂飘散白色绒毛絮，飞絮飘散时间长。

五蕊柳 *Salix pentandra* L.

地理分布：分布于内蒙古东部、黑龙江、吉林、辽宁、河北、山西、陕西、宁夏、新疆等省区，生于海拔600 ~ 1200米的山坡路旁、山谷林缘、河边或山地林间的水甸及草甸中。宁夏贺兰山等地有分布。

植物形态：灌木或小乔木，高1 ~ 3米。树皮灰色或灰褐色；一年生枝褐绿色，灰绿色或灰棕色，无毛，有光泽。芽卵形或披针形，披针状长圆形，发黏，有光泽。叶革质，宽披针形，卵状长圆形或椭圆状披针形，上面深绿色，有光泽，下面淡绿色，无毛，边缘有腺齿。雄花序长2 ~ 4厘米，密花，轴有柔毛；雄蕊6 ~ 9，雌花序长2 ~ 6厘米，子房卵状圆锥形，无毛，花柱和柱头明显。蒴果卵状圆锥形，长5 ~ 7毫米，有短柄，光滑无毛，有光泽。花期4 ~ 5月，果期5 ~ 6月。

花期：4 ~ 5月。

致敏性：花粉致敏，致敏性中等。飞絮刺激性致敏。

花粉特征：花粉量大。光学显微镜下可见花粉粒长球状三裂圆形，直径约18 ~ 26微米，表面具网状纹饰，网眼大小不均匀，萌发孔具三孔沟。

飞絮特征：蒴果成熟开裂飘散白色绒毛状飞絮，飞絮飘散时间长。

丝毛柳 *Salix luctuosa* Levl.

地理分布： 分布于陕西、四川、云南等省区，生于海拔1500 ~ 3200米的河边、山沟及山坡等处。宁夏六盘山等地有分布。

植物形态： 灌木，高1.5 ~ 3米，枝条直立。小枝初有丝状绒毛，老枝无毛或近无毛，绿褐色或黑褐色，有光泽。叶椭圆形或狭椭圆形，下面初有绢质柔毛，后近无毛，两端钝，全缘。雄花序长3 ~ 4.5厘米，花密生，雄蕊2，花药黄色；雌花序长3厘米，子房卵形，花柱先端2裂，柱头小。果序长5厘米，蒴果长约3毫米。花期4 ~ 5月，果期5 ~ 6月。

花期： 4 ~ 5月。

致敏性： 花粉致敏，致敏性中等。飞絮刺激性致敏。

花粉特征： 花粉量大。光学显微镜下可见花粉粒长球状三裂圆形，直径约18 ~ 30微米，表面具网状纹饰，网眼大小不均匀，网眼具颗粒，萌发孔具三孔沟。

飞絮特征： 蒴果成熟即开裂，释放飘散白色绒毛状飞絮，飞絮飘散时间长。

北沙柳 *Salix psammophila* C. Wang et Ch. Y. Yang

地理分布：分布于陕西、内蒙古、宁夏、山西等省区，多生于半固定沙丘和丘间低地。宁夏中卫市等地有分布。

植物形态：灌木，高3 ~ 4米。叶线形，长4 ~ 8厘米，边缘疏锯齿，上面淡绿色，下面带灰白色，幼叶微有绒毛，成叶无毛。花先叶或几与叶同时开放，雄花序长1 ~ 2厘米，具短花序梗和小叶片，轴有绒毛。苞片卵状长圆形，雄蕊2,花丝合生，雌花序2 ~ 3厘米，子房卵圆形，被绒毛，花柱明显，柱头2裂。果序长2 ~ 3厘米，蒴果长约2.5毫米，被绒毛，2瓣开裂。花期4 ~ 5月，果期5 ~ 6月。

生长习性：抗风沙，不择土壤，繁殖容易，常作固沙造林树种。

花期：4 ~ 5月。

致敏性：花粉致敏，致敏性中等。飞絮刺激性致敏。

花粉特征：花粉量大。光学显微镜下可见花粉粒长球状三裂圆形，直径约18 ~ 30微米，表面具网状纹饰，网眼大小不均匀，萌发孔具三孔沟。

飞絮特征：蒴果成熟开裂飘散白色绒毛状飞絮，飞絮飘散时间长。

春榆 *Ulmus davidiana* var. *japonica*（Rehd.）Nakai

地理分布： 分布于黑龙江、吉林、辽宁、内蒙古、河北、山东、浙江、山西、安徽、河南、湖北、陕西、甘肃及青海等省区，生长于河岸、溪旁、沟谷、山麓及排水良好的冲积地和山坡。宁夏六盘山等地有分布。

植物形态： 落叶乔木或灌木，高可达15米。树皮色较深，纵裂成不规则条状，幼枝被或密或疏的柔毛，小枝有时均向四周膨大而不规则纵裂的木栓层。叶倒卵形或倒卵状椭圆形，脉腋常有簇生毛，边缘具重锯齿。花排成簇状聚伞花序。翅果倒卵形或近倒卵形，翅果无毛。花期3～4月，果期5月。

生长习性： 阳性树种，耐旱，耐瘠薄，对土壤要求不严，对气候适应性较强，在寒温带、温带及亚热带地区均能生长。

花期： 3～4月。

致敏性： 花粉致敏，致敏性弱。

花粉特征： 花粉量少。光学显微镜下，花粉粒扁球形，直径31～36微米，具椭圆形孔，外壁厚，外层比内层厚，外层在孔处略有加厚，表面具脑纹状纹饰。

牛奶子 *Elaeagnus umbellata* Thunb.

别名：剪子果、甜枣、麦粒子、甜枣、秋胡颓子、夏茱萸、唐茱萸、秋茱萸、倒卵叶胡颓子。

地理分布：广泛分布于华北、华东、西南等各地区，生长于海拔3000米以下的向阳的林缘、灌丛中、荒坡上和沟边。宁夏六盘山等地有分布。

植物形态：落叶直立灌木，高1～4米，具长1～4厘米的刺。小枝甚开展，幼枝密被银白色和少数黄褐色鳞片，老枝鳞片脱落，灰黑色。芽银白色或褐色至锈色。叶纸质或膜质，椭圆形至卵状椭圆形或倒卵状披针形，边缘全缘或皱卷至波状，下面密被银白色和散生少数褐色鳞片。花较叶先开放，黄白色，芳香，密被银白色盾形鳞片。雄蕊花丝极短，花药矩圆形，花柱直立，疏生少数白色星状柔毛和鳞片，柱头侧生。果实球形或卵圆形，被银白色或有时全被褐色鳞片，成熟时红色，果梗直立粗壮。花期5月，果期9月。

生长习性：喜光，略耐阴，耐寒性强，根系发达，对土壤要求不严，生长适应能力很强，耐逆性强；枝叶稀疏，具银白色而有闪光性，花芳香，入秋红果累累悬挂枝头，极富观赏性，是水土保持、防沙造林和绿化观赏的良好树种，

花期：5月。

致敏性：花粉致敏，致敏性中等。

花粉特征：花粉量中等。光学显微镜下花粉粒扁球形至球形，直径约38 ~ 46微米，具3孔沟，沟较短，内孔圆而大，显著外凸，边缘外壁加厚，表面具模糊的细网状纹饰。

七、壳斗科Fagaceae

栎属 *Quercus* L.

蒙古栎 *Quercus mongolica* Fisch. ex Ledeb.

别名：蒙栎、柞栎、柞树、辽东栎、辽东柞、柴树。

地理分布：分布在东北、华北、西北各地，华中地区亦少量分布，生于海拔200 ~ 2100米的山地阳坡、半阳坡及山脊上。宁夏六盘山、罗山等地有分布。

植物形态：落叶乔木，高达30米。树冠卵圆形，树皮灰褐色，深纵裂。幼枝紫褐色，有棱无毛。顶芽长卵形，微有棱，芽鳞紫褐色，有缘毛。单叶互生，叶片倒卵形至长倒卵形，叶缘7 ~ 10对钝齿或粗齿。花单性，雌雄同株。雄花序生于新枝下部，花序轴近无毛；花被6 ~ 8裂，雄蕊8 ~ 10；雌花序生于新枝上端叶腋，花被6裂，花柱短，柱头3裂。壳斗杯形，包裹坚果约1/3，壳斗外壁小苞片三角状卵形，呈半球形瘤状突起，密被灰白色短绒毛。坚果卵形至长卵形，无毛，果脐微突起。花期6月，果期10月。

生长习性： 喜温，耐寒，耐旱，耐瘠薄，不耐水湿，根系发达，有很强的萌蘖性，适应较广的土壤类型，多生长在酸性或微酸性较肥沃的暗棕色森林土和棕色森林土上，在酸性、中性或石灰岩的碱性土壤上也能生长，是防护林、用材林、经济林和能源林的优良树种。

花期： 6月。

致敏性： 花粉致敏，致敏性中等。

花粉特征： 花粉量中等，授粉季节花粉飘散时间长。光学显微镜下，花粉粒长球形或近球形，直径约38微米，大小很不一致，具3孔沟，沟较短，外壁具小瘤状或颗粒状纹饰，轮廓明显突起呈波纹形。

染绿化树种。

花期： 4 ~ 5月。

致敏性： 花粉致敏，致敏性弱。

花粉特征： 花粉量少，散粉季节花粉飘散时间长。光学显微镜下可见花粉粒近球形，直径约32 ~ 52微米，具3孔沟，外壁具颗粒状纹饰。

细裂槭 *Acer Stenolobum* Rehd.

地理分布： 我国各省区普遍分布和栽培，生长于海拔1000 ~ 1500米的阴湿山坡或沟谷。宁夏贺兰山、南华山等地有分布。

植物形态： 落叶小乔木，高约5米。小枝细瘦，当年生枝淡紫绿色，无毛，多年生枝浅褐色，皮孔稀少。叶纸质，3深裂，裂片长圆披针形，常全缘，中裂片直伸，侧裂片平展，裂片间的凹缺近于直角。伞房花序无毛，花淡绿色，杂性，雄花与两性花同株。雄蕊5，花丝较长，花药卵圆形；两性花的子房有疏柔毛，花柱2裂达于中段，柱头反卷，雄花的雄蕊不发育。翅果嫩时淡绿色，成熟后淡黄色，小坚果凸起，近于卵圆形或球形，翅近于长圆形，连同小坚果张开成钝角或近于直角。花期5月，果期9月。

习性特点：叶型奇特，叶的3裂片与叶柄组成十字形，入秋转红，常见绿化树种。

花期：5月。

致敏性：花粉致敏，致敏性弱。

花粉特征：花粉量少，授粉季节花粉飘散时间长。光学显微镜下可见花粉粒近球形，直径约38 ~ 52微米，具3沟孔，外壁为颗粒状雕纹，连接形成条纹状纹饰。

青榨槭 *Acer davidii* Franch.

别名：青虾蟆、大卫槭。

地理分布：分布于华北、华东、中南、西南各省区，生于海拔500 ~ 2100米的向阳山坡和疏林中。宁夏六盘山等地有分布。

植物形态：落叶乔木，高约10 ~ 15米。树皮黑褐色或灰褐色，常纵裂成蛇皮状。小枝细瘦，圆柱形，无毛。叶纸质，外貌长圆卵形或近于长圆形。花黄绿色，杂性，雄花与两性花同株，成下垂的总状花序，顶生于着叶的嫩枝，通常9～12朵成总状花序；花瓣5，倒卵形，与萼片等长；雄蕊8，无毛。翅果嫩时淡绿色，成熟后黄褐色；翅与小坚果展开成钝角或几成水平。花期5月，果期9月。

习性特点：生长迅速，树冠整齐，耐低温，耐瘠薄，适宜中性土壤，是良好绿化树种。

花期：5月。

致敏性：花粉致敏，致敏性弱。

花粉特征：花粉量少，散粉季节花粉飘散时间长。光学显微镜下可见花粉粒近球形，具3沟孔，外壁为颗粒状雕纹，连接形成条纹状纹饰。

深灰槭 *Acer caesium* Wall. ex Brandis.

地理分布： 分布于陕西、甘肃、四川、湖北等省区，生于海拔2000 ~ 3700米的疏林中。宁夏六盘山等地有分布。

植物形态： 落叶乔木，高可达25米。树皮灰色。小枝圆柱形、淡紫褐色。叶片纸质，基部心脏形，裂片三角形，边缘牙齿状，叶柄淡紫绿色，无毛。伞房花序着生于小枝顶端，花淡黄绿色，杂性，雄花与两性花同株；萼片淡黄绿色，长圆形或倒卵状长圆形，花瓣白色；倒披针形，在两性花中较短；花盘无毛，子房紫色，小坚果凸起，深褐色。花期5月，果期9月。

花期： 5月。

致敏性： 花粉致敏，致敏性弱。

花粉特征： 花粉量少，散粉季节花粉飘散时间长。光学显微镜下可见花粉粒近球形，具3沟孔，外壁为颗粒状雕纹，连接形成条纹状纹饰。

五尖槭 *Acer maximowiczii* Pax.

别名：紫叶五尖槭、马氏槭、马斯槭。

地理分布：分布于山西、河南、陕西、甘肃、青海、广西、四川和贵州等省区，生于海拔1800 ~ 2500米的林边或疏林中。宁夏六盘山等地有分布。

植物形态：落叶乔木，高5米。树皮黑褐色，平滑。小枝细瘦，无毛；当年生枝紫色或红紫色；多年生枝深褐色或灰褐色。叶纸质，卵形或三角卵形。花黄绿色，单性，雌雄异株，成无毛而下垂的总状花序。翅果紫色，成熟后黄褐色小坚果稍扁平，翅连同小坚果张开成钝角。花期5月，果期9月。

习性特点：生长迅速，树冠整齐，叶在秋季变鲜红色，后转为橙黄色，可做绿化或造林树种。

花期：5月。

致敏性：花粉致敏，致敏性弱。

花粉特征：花粉量少，散粉季节花粉飘散时间长。光学显微镜下可见花粉粒近球形，具3沟孔，外壁为颗粒状雕纹，连接形成条纹状纹饰。

元宝槭 *Acer truncatum* Bunge.

别名：元宝枫。

地理分布：各省区普遍分布和栽培，生于海拔1000 ~ 1500米的阴湿山坡或沟谷。宁夏六盘山等地有分布，银川市西夏公园、森林公园、凤凰公园、宝湖公园、枕水花园、民生花园、北方民族大学等区域有栽植。

植物形态：落叶乔木，高可达8 ~ 10米。树皮灰褐色或深褐色，深纵裂。小枝无毛，当年生枝绿色，多年生枝灰褐色，具圆形皮孔。叶纸质，常5裂，裂片三角卵形或披针形，先端锐尖或尾状锐尖，边缘全缘。花黄绿色，杂性，雄花与两性花同株，常成无毛的伞房花序，萼片5，黄绿色，长圆形，花瓣5，淡黄色或淡白色，长圆倒卵形，雄蕊8，着生于花盘的内缘，花药黄色，花丝无毛；花盘微裂。子房嫩时有黏性，无毛，花柱短，2裂，柱头反卷。翅果常成下垂的伞房果序。小坚果压扁状，翅与小坚果等长，张开呈锐角或钝角。花期5月，果期8 ~ 9月。

习性特点：阳性树种，喜阳光充足，稍耐荫，耐低温，耐旱，不择土壤，树形优美，枝叶浓密，入秋后，颜色渐变红，红绿相映，甚为美观，是优良的园林绿化树种。

花期：5月。

致敏性：花粉致敏，致敏性弱。

花粉特征：花粉量少，散粉季节花粉飘散时间长。光学显微镜下可见花粉粒近球形，直径约38 ~ 52微米，具沟孔，外壁为颗粒状雕纹，连接形成条纹状纹饰。

十、苦木科 Simaroubaceae

臭椿属 *Ailanthus* Desf.

臭椿 *Ailanthus altissimus*（Mill.）Swingle.

别名：臭椿皮、大果臭椿、椿树、木砻树、樗。

地理分布：分布于中国北部、东部及西南、东南至台湾等地区，各地广为栽培。宁夏全区普遍栽培，如银川市西夏公园、森林公园、海宝公园、中山公园、凤凰公园、宝湖公园、贺兰山中路、北京中路、上海西路、亲水北大街、宁朔街、迎宾大道、灵州大道、中兴路、富兴路、太阳都市花园、建发城市花园、民生花园、陶然水岸、唐槐园、滨湖小区、学林园、政兴苑、宁夏大学、宁夏人民医院、滨河东路、滨河西路、银西防护林等区域有栽植。

植物形态：落叶乔木，高可达20余米；树皮灰色至灰黑色，树皮平滑而有直纹；嫩枝有髓，幼时被黄色或黄褐色柔毛，后脱落。叶为奇数羽状复叶，小叶对生或近对生，纸质，卵状披针形，先端长渐尖，基部偏斜，两侧各具1或2个粗锯齿，叶基部腺点发散臭味，揉碎后具臭味。圆锥花序，花淡绿色，萼片5，覆瓦状排列，花瓣5，基部两侧被硬粗毛；雄蕊10，花丝基部密被硬粗毛，雄花中的花丝长于花瓣，雌花中的花丝短于花瓣；花药长圆形，心皮5，花柱黏合，柱头5裂。翅果长椭圆形，种子位于翅的中间，扁圆形。花期5 ~ 6月，果期9 ~ 10月。

习性特点：阳性树种，喜光，耐寒，耐旱，不耐水湿，不耐阴；深根性树种，根系发达，萌蘖力强，耐盐碱，适应性强，除黏土外，各种土壤和中性、酸性及钙质土都能生长；树姿端庄，抗风力强，耐烟气尘，多作为园林风景和行道树树种，也是水土保持、盐碱地绿化的良好树种。

花期：5 ~ 6月。

致敏性：花粉致敏，致敏性中等。

花粉特征：花粉量中等，散粉季节花粉飘散时间长。光学显微镜下花粉粒近球形，直径约26 ~ 32微米，具3孔沟，沟端截形，沟膜上具颗粒，

紫杆柽柳 *Tamarix androssowii* Litv.

地理分布：分布于宁夏、甘肃、青海、新疆和内蒙古等省区，多生于荒漠河谷沙地和流沙边缘。宁夏中卫市等地有分布。

植物形态：灌木或小乔木状，高2 ~ 4米，茎直立，暗棕红色或紫红色，光亮，质硬坚实，比重大。生长枝上的叶淡绿色，微具耳，营养枝上的叶卵形，叶基钝下延。总状花序，单生或1 ~ 3朵簇生。苞片长圆状卵形，花小；花萼萼片卵形，边缘膜质，花后开展；花瓣白色或淡白色，倒卵形，花丝与花瓣等长或略长，基部变宽，子房狭圆锥形，花盘小，肥厚，紫红色，4裂。蒴果小，狭圆锥形，种子黄褐色。花期5 ~ 9月，春季花期5 ~ 6月上旬，夏季花期7月直到秋季9月。

习性特点：喜光不耐阴，根系发达，既耐干旱也耐水湿，抗风能力强，耐盐碱土，生长迅速，耐沙埋沙压，沙埋后能迅速生出新枝新根，根系可以从流沙表层湿沙层吸收水分，可以不依潜水获得水分，为固沙造林的优良树种。

花期：5 ~ 9月。

致敏性：花粉致敏，致敏性弱。

花粉特征：花粉量少，花粉飘散时间长。光学显微镜下可见花粉粒近球形或扁球形，直径14 ~ 20微米，具3孔沟，外壁外层和内层等厚，具细网状纹饰，轮廓线呈细波纹状。

细穗柽柳 *Tamarix leptostachys* Bunge.

地理分布：分布于新疆、青海（柴达木）、甘肃（河西）、宁夏（北部）、内蒙古等省区，主要生长在荒漠地区的潮湿松陷盐土、丘间低地、河湖沿岸、河漫滩和灌溉绿洲的盐土上。宁夏银川、盐池等地有分布，银川市居安路等区域有栽植。

植物形态：灌木，高1 ~ 5米。多分枝，老枝黑灰或红灰色，木质化一年生枝灰紫色或红黄色。总状花序细长，集浅顶生密集的球形或卵状大型圆锥花序，花小，苞片钻形，花5数，萼片卵形，花瓣倒卵形，淡紫红色或粉红色，花盘5裂，雄蕊5，花丝细长，花药心形红紫色，花柱3。蒴果细。花期5 ~ 9月。

习性特点：具有抗干旱、耐盐碱、耐风蚀沙埋的特点，是防风固沙、造林绿化、水土保持的优良树种，广泛用于荒漠化防治和盐碱地改良。该种为最美丽多花的红柳，花色艳丽，是荒漠盐土绿化造林的良好树种。

花期：5 ~ 9月。

致敏性：花粉致敏，致敏性弱。

花粉特征：花粉量少，花粉飘散时间长。光学显微镜下可见花粉粒近球形或扁球形，直径14 ~ 20微米，具3孔沟，外壁外层和内层等厚，具细网状纹饰，轮廓线细呈波纹状。

刚毛柽柳 *Tamarix hispida* Willd.

别名：毛红柳。

地理分布：分布于宁夏、甘肃、青海、新疆和内蒙古等省区，生于荒漠区域河漫滩冲积、淤积平原和湖盆边缘的潮湿和松陷盐土上，盐碱化草甸和沙丘间，亦集成数米高的风植砂堆，在次生盐渍化的灌溉田地上也有生长。宁夏平罗、石嘴山等地有分布。

植物形态：灌木或小乔木状，高1.5 ~ 4米，老枝树皮红棕色，或浅红黄灰色，幼枝淡红或赭灰色，全体密被单细胞短直毛。叶卵状披针形或狭披针形，被密柔毛。总状花序，夏秋生当年枝顶，集成顶生大型紧缩圆锥花序；花5数，花萼深裂，萼片卵圆形；花瓣紫红色或鲜红色；花盘5裂；雄蕊对萼，伸出花冠之外，花丝基部变粗，花药心形；子房长瓶状，花柱3，柱头极短。蒴果狭长锥形瓶状，壁薄，有金黄色、淡红色、鲜红色以至紫色，含种子约15粒。花期5 ~ 9月，春季花期5 ~ 6月上旬，夏季花期直到秋季。

习性特点：喜光不耐阴，根系发达，耐干旱瘠薄也耐水湿，抗风能力强，生命力极强，适生范围广，极耐盐碱，各种土壤均可种植，盐碱土、

沙土、黏土均生长良好；树冠开张，秋季开花，极美丽，是荒漠和盐碱干旱地区低湿盐碱沙化地固沙、园林及公路绿化、生态恢复及造林等建设的优良树种。

花期： 5 ~ 9月。

致敏性： 花粉致敏，致敏性弱。

花粉特征： 花粉量少，花粉飘散时间长。光学显微镜下可见花粉粒近球形或扁球形，直径14 ~ 20微米，具3孔沟，外壁外层和内层等厚，具细网状纹饰，轮廓线细呈波纹状。

短穗柽柳 *Tamarix laxa* Willd.

地理分布： 分布于宁夏、甘肃、青海、新疆和内蒙古等省区。生于荒漠河流阶地、湖盆和沙丘边缘。宁夏中卫、平罗等地有分布。

植物形态： 灌木，高1 ~ 2米。树皮灰色，幼枝灰色、淡红灰色或棕褐色。小枝短而直伸，脆而易折断。叶黄绿色，披针形，卵状长圆形至菱形，边缘狭膜质。总状花序早春生发，着花稀疏，被有稀疏长圆形的棕色鳞被。苞片卵形，长椭圆形，淡棕色或淡绿色，花4数，花萼4片，花瓣4，粉红色，稀淡白粉红色，略呈长圆状椭圆形至长圆状倒卵形，花盘4裂，肉质，暗红色，雄蕊4，花丝基部变宽，花药红紫色，花柱3。蒴果狭，草质。花期5 ~ 9月。

习性特点：根系发达，耐干旱瘠薄也耐水湿，适生范围广，耐盐性强，为荒漠地区盐碱、沙地的优良固沙造林绿化树种。

花期：5 ~ 9月。

致敏性：花粉致敏，致敏性弱。

花粉特征：花粉量少，花粉飘散时间长。光学显微镜下可见花粉粒近球形或扁球形，直径14 ~ 20微米，具3孔沟，外壁外层和内层等厚，具细网状纹饰，轮廓线细呈波纹状。

多枝柽柳 *Tamarix ramosissima* Ledeb.

别名：红柳。

地理分布：分布于宁夏、甘肃、青海、新疆和内蒙古等省区，生于河漫滩、河谷阶地上，沙质和粘土质盐碱化的平原、沙丘上，每集沙成为风植沙滩。宁夏贺兰山、平罗、石嘴山、中卫等地有分布，银川市灵州大道等区域有栽植。

植物形态：灌木，高1 ~ 3米。老杆和老枝的树皮暗灰色，年生木质化的生长枝淡红或橙黄色，长而直伸。叶披针形，总状花序密生在当年生枝上，集成顶生大圆锥花序；果实为蒴果三角状圆锥形。苞片披针形，与花萼等长或超过花萼（包括花梗），花5数，萼片广椭圆状卵形或卵形，花瓣粉红色或紫色，倒卵形至阔椭圆状倒卵形，直伸靠合，形成闭合的酒杯状花冠，花盘5裂，雄蕊5，与花冠等长，花药钝或在顶端具钝突起，子房锥形瓶状具三棱，花柱棍棒状。蒴果三棱圆锥形瓶状。花期5 ~ 9月。

习性特点：干旱荒漠环境广泛分布的树种，具有喜光、耐高温、耐干旱、耐盐碱、耐瘠薄、耐水湿、耐风蚀等特性，是防风、固沙、改良盐碱地和造林绿化的重要树种。

花期：5 ~ 9月。

致敏性：花粉致敏。致敏性弱。

花粉特征：花粉量少，花粉飘散时间长。光学显微镜下可见花粉粒近球形或扁球形，直径14 ~ 20微米，具3孔沟，外壁外层和内层等厚，具细网状纹饰，轮廓线细呈波纹状。

甘蒙柽柳 *Tamarix austromongolica* Nakai.

地理分布： 分布于宁夏、甘肃、青海、内蒙古、陕西、山西、河北、河南等省区，生于盐渍化河漫滩及冲积平原、盐碱沙荒地及灌溉盐碱地边。宁夏盐池、灵武、银川、青铜峡、中卫等地有分布。

植物形态： 灌木或小乔木，高1.5 ~ 4米。树干和老枝栗红色，枝直立。叶长圆形或长圆状披针形。春和夏秋均开花；春季开花，总状花序自去年生的木质化的枝上发出，着花较密，苞叶蓝绿色，宽卵形，苞片线状披针形，浅白或带紫蓝绿色，花梗极短；夏、秋季开花，总状花序较春季狭细，组成顶生大型圆锥花序，花5数，萼片5，卵形，绿色，边缘膜质透明，花瓣5，倒卵状长圆形，淡紫红色，花盘5裂，紫红色，雄蕊5，伸出花瓣之外，花丝丝状，花药红色，子房红色，柱头下弯。蒴果长圆锥形。花期5 ~ 9月。

习性特点： 喜光喜水，也能耐干旱、盐碱，耐瘠薄，是防风固沙、造林绿化、水土保持的优良树种。

花期： 5 ~ 9月。

致敏性： 花粉致敏，致敏性弱。

花粉特征： 花粉量少，花粉飘散时间长。光学显微镜下可见花粉粒近球形或扁球形，直径14 ~ 20微米，具3孔沟，外壁外层和内层等厚，具细网状纹饰，轮廓线细呈波纹状。

多花柽柳 *Tamarix hohenackeri* Bunge

地理分布：分布于宁夏、甘肃、青海、新疆和内蒙古等省区，生于荒漠河岸林中，荒漠河、湖沿岸沙地广阔的冲积淤积平原上的轻度盐渍化土壤上。宁夏中卫等地有分布。

植物形态：灌木或小乔木，高1 ~ 3米。老枝树皮灰褐色，二年生枝条暗红紫色。叶线状披针形或卵状披针形，边缘干膜质，略具齿。春夏季均开花，总状花序，多为数个簇生，集生成疏松或稠密的短圆锥花序。苞片条状略具龙骨状肋，常呈干薄膜质，花5数，萼片卵圆形，边缘膜质，齿牙状，花瓣卵形、卵状椭圆形或近圆形，玫瑰色或粉红色，互相靠合致花冠呈鼓形或球形。花盘肥厚，暗紫红色，5裂，雄蕊5，花丝渐狭细，花药心形，花柱3，棍棒状匙形。蒴果长4 ~ 5毫米。花期5 ~ 9月，春季花期5 ~ 6月上旬，夏季花期直到秋季。

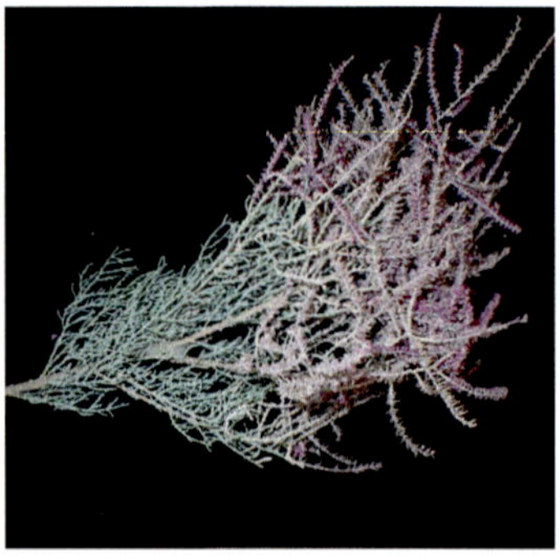

习性特点：喜光不耐阴，根系发达，耐干旱瘠薄也耐水湿，适生范围广，极耐盐碱，各种土壤均可种植，是荒漠和盐碱干旱地区低湿盐碱沙化地固沙、绿化、生态恢复及造林等的优良树种。

花期：5 ~ 9月。

致敏性：花粉致敏，致敏性弱。

花粉特征：花粉量少，花粉飘散时间长。光学显微镜下可见花粉粒近球形或扁球形，直径14 ~ 20微米，具3孔沟，外壁外层和内层等厚，具细网状纹饰，轮廓线细呈波纹状。

十二、木樨科 Oleaceae

1. 女贞属 *Ligustrum* L.

小叶女贞 *Ligustrum quihoui* Carr.

别名：小叶白蜡。

地理分布：广泛分布于我国南北各省区，各地多为栽培，野生于海拔800 ~ 1600米的山坡、沟边、路旁或河边灌丛中。宁夏银川、中卫等地有分布。

植物形态：落叶灌木，高1 ~ 2米。小枝淡棕色，圆柱形，密被微柔毛，后脱落。叶片薄革质，形状和大小变异较大，叶缘反卷，上面深绿色，下面淡绿色，常具腺点。圆锥花序顶生，近圆柱形，花白色，清香，小苞片卵形，具睫毛，花萼无毛，萼齿宽卵形或钝三角形，花冠裂片卵形或椭圆形，雄蕊伸出裂片外，花丝与花冠裂片近等长或稍长。果倒卵形、宽椭圆形或近球形，呈紫黑色。花期5 ~ 6月，果期8 ~ 11月。

习性特点：喜光照，较耐寒，萌发力强，其枝叶紧密、圆整，常栽植观赏，是园林绿化的重要绿篱树种；对二氧化硫、氯等多种毒性气体有较好的抗性，也是优良的抗污染树种。

花期：5 ~ 6月。

致敏性：花粉致敏，致敏性中等。

花粉特征：花粉量中等。光学显微镜下花粉粒扁球形。光学显微镜下，花粉粒近球形或扁球形，直径约36 ~ 40微米，具3孔沟，外壁两层，外层显著厚于内层，具粗网状纹饰，网眼大小不等，网纹由粗颗粒组成。

2. 梣属 *Fraxinus* L.

洋白蜡 *Fraxinus pennsylvanica* Marsh.

别名：美国红梣、毛白蜡。

地理分布：原产北美，我国多地引种为行道树及庭园树种。宁夏多地有栽培，如银川市西夏公园、森林公园、海宝公园、中山公园、凤凰公园、宝湖公园、贺兰山中路、北京中路、亲水北大街、宁朔街、灵州大道、富兴路、居安路、枕水花园、建发城市花园、民生花园、陶然水岸、滨湖小区、学林园、政兴苑、紫云华庭、宁夏大学、宁夏人民医院、银西防护林等区域有栽植。

植物形态：落叶乔木，高达6 ~ 10米。树皮灰色，粗糙，皱裂。小枝红棕色，圆柱形，被黄色柔毛或秃净，老枝红褐色，光滑无毛。羽状复叶，薄革质，长圆状披针形、狭卵形或椭圆形，叶缘具不明显钝锯齿或近全缘。圆锥花序生于去年生枝上，长5~20厘米，花密集，雄花与两性花异株，与叶同时开放，花序梗短；花梗纤细，被短柔毛；雄花花萼小，花药大，花丝短；两性花花萼较宽，花柱细，柱头2裂。翅果狭倒披针形，先端钝圆或具短尖头，翅下延近坚果中部，坚果圆柱形，脉棱明显。花期5月，果期8 ~ 9月。

生长习性：阳性树种，生长快，抗性强，适应性广，在干或湿、贫瘠或盐碱等土质都能生长，根系发达，防冲固土作用强，是良好的水土保持树种，树形优美，也是优良的行道树种和庭院绿化树种。

花期：5月。

致敏性：花粉致敏，致敏性极强。

花粉特征：花粉量极大，散粉季节花粉飘散浓度大、时间长。光学显微镜下可见花粉粒扁球形，直径约21 ~ 25微米，具4孔沟，外壁两层，外层厚于内层，表面具明显的网状纹饰。

白蜡树 *Fraxinus chinensis* Roxb.

别名：青榔木、白荆树。

地理分布：广泛分布于我国南北各省区，各地多有栽培，野生于海拔800 ~ 1600米山地杂木林中。宁夏六盘山等地有分布。

植物形态：落叶乔木，高10 ~ 12米。树皮灰褐色，纵裂。芽阔卵形或圆锥形，被棕色柔毛或腺毛。小枝黄褐色，粗糙，皮孔小，不明显。羽

羽叶丁香 *Syringa pinnatifolia* Hemsley.

别名：复叶丁香。

地理分布：为中国特有种，产于内蒙古和宁夏交界的贺兰山地区，以及陕西南部、甘肃、青海东部和四川西部，生于海拔2000 ~ 3100米处的阳坡灌丛。各地多有栽培。

植物形态：落叶灌木，高1 ~ 3米。树皮呈片状剥裂。枝灰棕褐色，近圆柱形或带四棱形，无毛，疏生皮孔。冬芽被芽鳞，顶芽常缺。奇数羽状复叶，小叶7 ~ 9对生或近对生，卵状披针形、卵状长椭圆形至卵形，叶缘具纤细睫毛。圆锥花序侧生，花白色或粉红色，花药黄色，子房2室，花柱丝状，短于雄蕊，柱头2裂。蒴果长圆形，光滑，种子扁平，有翅。花期5月，果期8 ~ 9月。

习性特征：阳性树种，具有喜光、耐寒、抗风等特性，良好的观赏树种。

花期：5月。

致敏性：花粉致敏，致敏性强。挥发性混合物致敏。

花粉特征：花粉量大。光学显微镜下花粉粒近球形或扁球形，直径约30 ~ 35微米，具3孔沟，沟细长，孔圆形，外壁两层，外层厚于内层，表面具粗颗粒呈网状纹饰。

挥发性混合物特点：花期季节飘散大量挥发性芳香混合物，其中含2-甲基-1，4-戊二烯、苯乙醇、乙烯基苯、苯乙醛等成分。

北京丁香 *Syringa reticulata* subsp. *pekinensis* Rupr.

别名：山丁香、臭多萝。

地理分布：分布于内蒙古、河北、山西、河南、陕西、宁夏、甘肃、四川等省区，生于海拔600 ~ 2400米的山坡灌丛、疏林、密林或沟边林下。宁夏六盘山等地有分布，银川市西夏公园、森林公园、海宝公园、中山公园、宝湖公园、人民广场、贺兰山中路、北京中路、亲水北大街、居安路、枕水花园、建发城市花园、民生花园、陶然水岸、唐槐园、宁夏大学、北方民族大学、宁夏人民医院、银西防护林等区域有栽植。

植物形态：灌木或小乔木，高2 ~ 5米。树皮褐色或灰棕色，纵裂。小枝带红褐色，细长。叶片纸质，卵形、宽卵形至近圆形，或为椭圆状卵形至卵状披针形，上面深绿色，无毛，侧脉平，下面灰绿色，无毛。花序由侧芽抽生，花序轴、花梗、花萼无毛，花序轴散生皮孔，花冠白色，呈辐状，裂片卵形或长椭圆形，花丝略短于或稍长于裂片，花药黄色，长圆形。果长椭圆形至披针形，光滑，稀疏生皮孔。花期5 ~ 6月，果期

8 ~ 9月。

生长习性：性喜阳，耐寒，耐旱，对土壤要求不严，适应性强。晚花丁香种，枝叶茂盛，是北方地区初夏优良园林绿化观赏花木树种。

花期：5 ~ 6月。

致敏性：花粉致敏，致敏性强。挥发性混合物致敏。

花粉特征：花粉量大。光学显微镜下花粉粒近球形或扁球形，直径约30微米，具3孔沟，孔圆形，外壁两层，外层厚于内层，表面具粗颗粒呈网状纹饰

挥发性混合物特征：花期季节飘散挥发性芳香混合物，飘散量大、时间长，混合物中含2-甲基-1，4-戊二烯、苯乙醇、乙烯基苯、苯乙醛等成分。

暴马丁香 *Syringa reticulata*（Blume）Hara

别名：暴马子、白丁香、荷花丁香、阿穆尔丁香。

地理分布：主要分布于东北、西北、华北等地区，生于山坡丛林、山沟溪边、山谷路旁及滩地水边，各地庭园普遍栽培。宁夏六盘山等地有分布，银川市西夏公园、海宝公园、中山公园、宝湖公园、宁夏大学等区域

有栽植。

植物形态： 落叶灌木或小乔木，高4 ~ 15米。树皮紫灰褐色，具细裂纹。叶片厚纸质，宽卵形、卵形至椭圆状卵形，全缘。圆锥花序大而稀疏，花序大型，长10 ~ 15厘米，密集压枝，花冠白色或黄白色，呈辐状，芳香。蒴果矩圆形，平滑或有疣状突起。花期5 ~ 6月，果期8 ~ 9月。

习性特征： 喜光，喜温暖、湿润及阳光充足。暴马丁香花序大，花期长，树姿美观，枝叶茂密，具独特的芳香，花香浓郁，芬芳袭人，为著名的观赏花木之一。

花期： 5 ~ 6月。

致敏性： 花粉致敏，致敏性极强。挥发性混合物致敏。

花粉特征： 花粉量极大，花粉飘散浓度大、时间长。光学显微镜下花粉粒近球形或扁球形，直径约30 ~ 35微米，具3孔沟，孔圆形，沟细长外壁两层，外层厚于内层，表面具粗颗粒呈网状纹饰。

挥发性混合物特点： 暴马丁香花香独特浓郁，花序大花期长，挥发性混合物释放量大、时间长，花期季节飘散大量挥发性芳香混合物，其中含2–甲基–1，4–戊二烯、苯乙醇、乙烯基苯、苯乙醛等成分。

十三、胡桃科 Juglandaceae

胡桃属 *Juglans* L.

胡桃 *Juglans regia* L.

别名：万岁子、山核桃、青龙衣、羌桃、泡核桃、胡西格、核桃枝、达卡、达长、播罗斯、黑桃、长寿果、达日嘎、铁核桃、葛岁子、绍篾申格、波斯核桃等。

地理分布：分布于华北、西北、西南、华中、华南和华东等地区，生于海拔400 ~ 1800米的山坡及丘陵地带，我国各地区的平原及丘陵常见栽培。宁夏普遍栽培，如银川市中山公园、枕水花园、陶然水岸、唐槐园、湖滨小区、学林园、政兴苑、紫云华庭等区域有栽植。

植物形态：乔木，高可达25米，树冠广阔。树皮幼时灰绿色，老时则灰白色而纵向浅裂。小枝无毛，具光泽，被盾状着生的腺体，灰绿色。奇数羽状复叶，椭圆状卵形至长椭圆形，边缘全缘或在幼树上者具稀疏细锯齿叶柄及叶轴幼时被有极短腺毛及腺体。花单性，雌雄同株；雄性葇荑花序下垂，花小而密生；雄花的苞片、小苞片及花被片均被腺毛，雄蕊6 ~ 30枚，花药黄色；雌性穗状花序通常具1 ~ 3雌花，雌花总苞被极短腺毛，柱头浅绿色。果序短，具1 ~ 3果实；果实近球状，果核稍具皱曲。花期4 ~ 5月，果期9 ~ 10月。

习性特征：喜光，耐干旱，耐寒冷，不耐湿热，根深，喜深厚而排水良好的中性土或钙质土。

花期：4 ~ 5月。

致敏性：花粉致敏，致敏性中等。

花粉特征：花粉量中等。光学显微镜下，花粉粒扁球形或近球形，直径约45 ~ 50微米，具4孔沟，沟细长，孔圆形，外壁两层，外层厚于内层，表面具不明显的颗粒状纹饰。

十四、漆树科 Anacardiaceae

盐肤木属 *Rhus*（Tourn.）L. emend. Moench

火炬树 *Rhus Typhina* Nutt

别名： 鹿角漆、火炬漆、加拿大盐肤木。

地理分布： 原产北美，我国各省区有引种栽培，以黄河流域以北省区栽培较多。宁夏银川市、中卫市有栽植，如银川市西夏公园、森林公园、灵州大道、居安路、枕水花园、建发城市花园、唐槐园、学林园、政兴苑、宁夏大学、北方民族大学等区域有栽植。

植物形态： 落叶小乔木，高可达12米。小枝密生灰色茸毛。奇数羽状复叶互生，长圆形至披针形，缘有锯齿，先端长渐尖，基部圆形或宽楔形，上面深绿色，下面苍白色，两面有茸毛，老时脱落，叶轴无翅。直立圆锥花序顶生，密生茸毛，果穗鲜红色，雌花花柱宿存，有红色刺毛，紧密聚生呈火炬状。核果深红色，密生绒毛，果实成熟后经久不落，秋后树叶变红。根、茎、叶、花、果的维管束韧皮部内均有分泌道。花期6 ~ 7月，果期8 ~ 9月。

生长习性：火炬树喜光，耐寒，对土壤适应性强，耐干旱瘠薄，耐水湿，耐盐碱，根系发达，萌蘖性与繁殖力极强，结实量大，叶片被绒毛，能大量吸附大气中的浮尘及有害物。其根系能够穿透坚硬的护坡石缝，对公路设施等造成危害。火炬树具有强大的种间竞争优势，周围生长物种受到严重排挤，产生分泌物并混合其密集的绒毛形成自我保护，主要用于荒山绿化兼作盐碱荒地风景林树种，具有独特的优良特性和严重的潜在危害。

花期：6 ~ 7月。

致敏性：花粉致敏，分泌物混合物致敏，致敏性极强。

花粉特征：花序大产生的花粉量极大。光学显微镜下可见花粉粒球状三裂圆形，具2孔沟，具孔盖，沟细长，未见沟膜，表面具细网状纹饰。

分泌物混合物特征：分泌物混合物中含多种挥发油、树脂、水溶性配醣体及绒毛等，对敏感人群引起潜在的致敏性。

十五、悬铃木科 Platanaceae

悬铃木属 *Platanus* L.

悬铃木 *Platanus acerifolia* L.

别名：法国梧桐。

地理分布：原产东南欧和美洲，中国多个省区有引种栽培。宁夏银川市西夏公园、中山公园、宝湖公园、枕水花园、紫云华庭、宁夏大学等区域有栽植。

植物形态：落叶大乔木，高可达35米。枝条开展，树冠广阔，呈长椭圆形。树皮灰绿或灰白色，不规则片状剥落，剥落后呈粉绿色，光滑。单叶互生，叶大，叶片三角状，3 ~ 5掌状分裂，边缘有不规则尖齿和波状齿。头状花序球形，雄花4 ~ 8个雄蕊，雌花有6个分离心皮。球果下垂，通常2球一串，成熟球果由小坚果及其基部的大量果毛组成。花期5月，果期9 ~ 10月。

生长习性：悬铃木是阳性速生树种，喜光，喜湿润温暖气候，萌芽力强，生长迅速，抗逆性强，不择土壤，很耐重剪，耐移植，大树移植成活率极高，对城市环境适应性特别强，叶片具吸收有毒气体和滞积灰尘的作用，具有超强的吸收有害气体、抵抗烟尘、隔离噪音能力，可净化空气。悬铃木树形雄伟，枝叶茂盛，树姿优美，广泛栽植作行道绿化树种，是世界著名的优良庭荫树和行道树树种。

花期：5月。

致敏性：飞毛致敏，致敏性极强。

飞毛特征：悬铃木的果球自然脱落慢，持续时间长，老果脱离及新叶生长期间，大量的果毛飘落。每个头状果序（即球果）内有600 ~ 1400个小坚果，每个成熟小坚果有果毛约3200余根，每粒种子顶端有100 ~ 150根微毛，每个果球有大量长刺毛和齿状分枝短刺毛，每个果序共计有果毛约195 ~ 456万根，散开后产生的飞毛会对呼吸系统和皮肤产生严重的刺激性致敏。

艾 *Artemisia argyi* Lévl. et Vant.

别名： 艾蒿、白蒿、冰台、医草、甜艾、艾草、海艾、白艾、蕲艾等。

地理分布： 分布广泛，在中国除极干旱与高寒地区外，几乎遍及各地，生于低海拔至中海拔地区的荒地、路旁河边及山坡等地，也见于森林草原及草原地区。宁夏全区普遍分布。

植物形态： 多年生草本，高80 ~ 150厘米，植株有浓烈香气。主根明显，略粗长，侧根多，常有横卧地下根状茎及营养枝。叶厚纸质，上面被灰白色短柔毛，并有白色腺点与小凹点，背面密被灰白色蛛丝状密绒毛，羽状深裂，每侧具裂片2 ~ 3，裂片椭圆形或倒卵状长椭圆形，每裂片有2 ~ 3枚小裂齿。头状花序椭圆形，每数枚至10余枚在分枝上排成小型的穗状花序或复穗状花序，并在茎上通常再组成狭窄、尖塔形的圆锥花序，花后头状花序下倾；总苞片覆瓦状排列，草质，卵形或狭卵形，背面密被灰白色蛛丝状绵毛，边缘膜质；雌花花冠狭管状，紫色，花柱细长，伸出花冠外甚长，两性花花冠管状或高脚杯状，花药狭线形，花柱先端2叉。瘦果长卵形或长圆形。花期7 ~ 8月，果期8 ~ 10月。

习性特征： 耐寒耐旱，喜温暖湿润气候，极易繁衍生长，对气候和土壤的适应性较强，以潮湿肥沃的土壤生长较好。

花期： 7 ~ 8月。

致敏性： 花粉致敏，致敏性强。挥发性混合物致敏。

花粉特征： 花粉量大。光学显微镜下花粉粒球形或近球形，大小约20微米，具散孔，外壁厚，表面有明显小刺状突起。

挥发性混合物特征： 植株有浓烈的香气，飘散大量挥发性成分，其中含2-甲基丁醇、2-己烯醛、α-侧柏烯、柠檬烯、α-侧柏酮、α-水芹烯、香茅醇、水合樟烯、1，4-桉叶素、蒿属酮、辣薄荷酮、羽毛柏烯等成分。

白沙蒿 *Artemisia sphaerocephala* Krasch

地理分布：我国西北、华北、东北荒漠半荒漠地区的特有植物，大面积种植用于防风固沙治理沙漠。宁夏全区普遍分布。

植物形态：多年生半灌木，高50 ~ 120厘米。主根明显，入土3米以上，侧根发达，密布在10 ~ 70厘米沙层中。茎直立，基部粗壮，分枝簇生。叶灰绿色，幼嫩时具短柔毛，二回羽状全裂。头状花序多数，呈复总状花序排列，有短梗及条形苞叶；总苞片宽卵形，边缘宽膜质；花10余个，外层雌性，能育，内层两性，不育。瘦果微细，无毛，咖啡色，外表附着一层白色胶联结构的多糖物质，占种子重量的20%，遇水极易溶胀，与沙粒连成团。花期7 ~ 8月，果期8 ~ 10月。

习性特征：抗风沙，耐旱、耐寒、耐瘠薄性能极强，种子自生能力很强，喜生长在流动、半流动沙丘上。在荒漠、半荒漠区建植生长一年可形成草丛绿篱，起到防风固沙作用，五龄植株根幅是其冠幅的7.5倍，当流动沙丘被固定后，白沙蒿则逐渐衰亡，为黑沙蒿所代替。是流动沙丘地带防风固沙，恢复植被的先锋种。

花期：7 ~ 8月。

致敏性：花粉致敏，致敏性强。挥发性混合物致敏。

花粉特征：花粉量大。光学显微镜下花粉粒球形或近球形，大小约20微米，具散孔，外壁厚，表面有明显小刺状突起。

挥发性混合物特征：植株有浓烈的香气，飘散大量挥发性成分，其中含顺-2-烯、γ-萜烯、冰片烯、1，8-柠檬烯、柠檬醛、别罗勒烯、桃金娘醛、dl-香茅醇、薄荷醇、α-萜品醇、乙酸香叶酯、β-揽香烯等成分。

山蒿 *Artemisia brachyloba* Franch.

地理分布：分布于内蒙古、河北、山西、陕西、宁夏及甘肃等省区，生于中、低海拔地区的阳坡草地、砾质坡地、半荒漠草原、戈壁及岩石缝中。宁夏全区普遍分布。

植物形态：半灌木或小灌木状草本，高可达60厘米。主根粗大，木质，有纤维状的根皮。根状茎粗壮，木质，茎多数，丛生，自基部分枝，茎、枝幼时被短绒毛。叶面绿色无毛，背面被白色绒毛，基生叶卵形或宽卵形，二（至三）回羽状全裂，裂片长椭圆形或长圆形，再次羽状全裂，小裂片狭线形或狭线状披针形，有小尖头，边反卷。头状花序卵球形或卵状钟形，在分枝上密集或略稀疏，常排成短总状花序或为穗状花序，在茎上通常组成略狭窄的圆锥花序；总苞片3层，背面被灰白色短绒毛，边缘狭膜质；雌花花冠狭管状，背面有疏腺点，花柱线形，先端2叉；两性花花冠管状，背面有腺点，花药线形，先端附属物尖，花柱先端2叉。瘦果卵圆形。花期7 ~ 8月，果期8 ~ 10月。

习性特征：石生旱生植物，喜生于向阳的岩石裸露的陡坡上；轴根型植物，土根粗壮而扭曲，根系集中在表土层下50厘米以内，侧根发达，分枝繁多，广泛生长于草原与荒漠草原带的低山丘陵，是山地半灌木植被的主要建群种之一。

花期：7 ~ 8月。

致敏性：花粉致敏，致敏性强。

花粉特征：花粉量大。光学显微镜下花粉粒球形或近球形，大小为19 ~ 20微米，具3孔沟，外壁厚，表面具小刺状突起。

茵陈蒿 *Artemisia capillaris* Thunb.

地理分布：广泛分布于辽宁、河北、陕西、山东、江苏、安徽、浙江、江西、福建、台湾、湖南、广东、广西及四川等省区，生于低海拔地区河岸、海岸附近的湿润沙地、路旁及低山坡地区。宁夏全区普遍分布。

植物形态：半灌木状草本，高可达120厘米，植株有浓烈的香气。主根明显木质，垂直或斜向下伸长，常有细的营养枝。茎单生或少数，红褐色或褐色，基生叶密集着生，常成莲座状；茎、枝初时密生灰白色或灰黄色绢质柔毛，后渐稀疏或脱落无毛。叶卵圆形或卵状椭圆形，二至三回羽状全裂，每侧有裂片，小裂片狭线形或狭线状披针形。头状花序卵球形，有短梗及线形的小苞叶，在分枝的上端或小枝端偏向外侧生长，常排成复总状花序，并在茎上端组成大型、开展的圆锥花序；总苞片草质，卵形或椭圆形，背面淡黄色，有绿色中肋，无毛，边膜质。花序托小，凸起；雌花花冠狭管状或狭圆锥状，花柱细长，先端2叉；两性花不孕育，花冠管状，花药线形，先端附属物尖，花柱短，上端棒状，2裂，退化子房极小。瘦果长圆形或长卵形。花期7 ~ 8月，果期8 ~ 10月。

花期：7 ~ 8月。

致敏性：花粉致敏，致敏性强。挥发性混合物致敏。

花粉特征：花粉量大。光学显微镜下花粉粒球形或近球形，大小为19 ~ 20微米，具3孔沟，外壁厚，表面具小刺状突起。

挥发性混合物特征：植株有浓烈的香气，飘散大量挥发性成分，其中含石竹萜烯、橙花叔醇、牦牛儿醇、匙叶桉油烯醇等成分。

冷蒿 *Artemisia frigida* Willd.

别名： 小白蒿、阿给。

地理分布： 分布于东北西部地区和内蒙古、山西（北部）、陕西、宁夏、甘肃、青海等省区，在森林草原、草原、荒漠草原及干旱与半干旱地区的山坡、路旁、砾质旷地、固定沙丘、戈壁、高山草甸等地区都有生长。宁夏贺兰山、盐池、海原等地有分布。

植物形态： 多年生草本，有时略成半灌木状，高30 ~ 60厘米。主根细长或粗，木质化，侧根多；根状茎粗短或略细，有多条营养枝，并密生营养叶。茎直立，数枚或多数常与营养枝共组成疏松或稍密集的小丛，基部木质化，枝短，斜向上；茎、枝、叶及总苞片背面密被淡灰黄色或灰白色、稍带绢质的短绒毛，后茎上毛稍脱落。叶长圆形或倒卵状长圆形，二至三回羽状全裂，每侧有裂片3 ~ 4枚，小裂片线状披针形、椭圆状披针形或披针形，基部裂片半抱茎并成假托叶状。头状花序半球形、球形或卵球形，在茎上排成总状花序或为狭窄的总状花序式的圆锥花序；总苞片卵形或长卵形，背面密被短绒毛，有绿色中肋，边缘膜质或半膜质；花序托

十五、悬铃木科 Platanaceae

悬铃木属 *Platanus* L.

悬铃木 *Platanus acerifolia* L.

别名：法国梧桐。

地理分布：原产东南欧和美洲，中国多个省区有引种栽培。宁夏银川市西夏公园、中山公园、宝湖公园、枕水花园、紫云华庭、宁夏大学等区域有栽植。

植物形态：落叶大乔木，高可达35米。枝条开展，树冠广阔，呈长椭圆形。树皮灰绿或灰白色，不规则片状剥落，剥落后呈粉绿色，光滑。单叶互生，叶大，叶片三角状，3 ~ 5掌状分裂，边缘有不规则尖齿和波状齿。头状花序球形，雄花4 ~ 8个雄蕊，雌花有6个分离心皮。球果下垂，通常2球一串，成熟球果由小坚果及其基部的大量果毛组成。花期5月，果期9 ~ 10月。

生长习性：悬铃木是阳性速生树种，喜光，喜湿润温暖气候，萌芽力强，生长迅速，抗逆性强，不择土壤，很耐重剪，耐移植，大树移植成活率极高，对城市环境适应性特别强，叶片具吸收有毒气体和滞积灰尘的作用，具有超强的吸收有害气体、抵抗烟尘、隔离噪音能力，可净化空气。悬铃木树形雄伟，枝叶茂盛，树姿优美，广泛栽植作行道绿化树种，是世界著名的优良庭荫树和行道树树种。

花期：5月。

致敏性：飞毛致敏，致敏性极强。

飞毛特征：悬铃木的果球自然脱落慢，持续时间长，老果脱离及新叶生长期间，大量的果毛飘落。每个头状果序（即球果）内有600 ~ 1400个小坚果，每个成熟小坚果有果毛约3200余根，每粒种子顶端有100 ~ 150根微毛，每个果球有大量长刺毛和齿状分枝短刺毛，每个果序共计有果毛约195 ~ 456万根，散开后产生的飞毛会对呼吸系统和皮肤产生严重的刺激性致敏。

十六、禾本科Poaceae

1. 芨芨草属 *Achnatherum* P. Beauv.

芨芨草 *Achnatherum splendens*（Trin.）Nevski

别名：积机草、席萁草、棘棘草。

地理分布：广泛分布于吉林、辽宁、内蒙古、陕西、宁夏、甘肃、青海、新疆等省区，生于海拔900 ~ 4500米的微碱性草滩上、干河床、湖边、河边、丘间低地。宁夏广泛分布。

植物形态：多年生草本，高50 ~ 250厘米。具粗壮而坚韧外被沙套的须根。秆直立，密丛生，坚硬粗壮，内具白色的髓，节多聚于基部。叶鞘无毛，具膜质边缘；叶舌三角形或尖披针形，叶片纵卷，质坚韧无毛。圆锥花序，开花时呈金字塔形开展，分枝细弱，2 ~ 6枚簇生，平展或斜向上升，小穗灰绿色，颖膜质，披针形，顶端尖或锐尖，外稃长4 ~ 5毫米，厚纸质，顶端具2微齿，背部密生柔毛，具柔毛，顶端具2裂齿，芒自外稃齿间伸出，粗糙，不扭转，内稃具2脉而无脊，脉间具柔毛，花药顶端具毫毛。花期7 ~ 8月，果期7 ~ 9月。

习性特征：适应性强，耐旱，耐寒，耐盐碱，对土壤要求不严，根系强大，具有广泛生态可塑性，在较低湿的河谷、干河床、湖边、河岸、碱性平原以至高达5000米的高原，从干草原带到荒漠区，常形成开阔的草甸及草滩。

花期：7 ~ 8月。

致敏性：花粉致敏，致敏性中等。

花粉特征：花粉量小。光学显微镜下花粉粒近球形，直径约25微米，具单孔，孔明显，上覆孔膜，孔周围加厚，外壁层次不明显，表面具细颗粒状纹饰。

醉马草 *Achnatherum inebrians*（Hance）Keng

别名：马绊肠、断肠草、醉马豆、勺草等。

地理分布：分布于宁夏、甘肃、内蒙古、新疆、西藏、青海、四川等省区，生于海拔1700 ~ 4200米的较干燥的沙质土壤，如山坡草地、田边、路旁、河滩地区。宁夏贺兰山、南华山等地有分布。

植物形态：多年生草本，高60 ~ 100厘米。须根柔韧。秆直立，少数丛生，平滑，节下贴生微毛，基部具鳞芽。叶鞘稍粗糙，上部者短于节间，叶鞘口具微毛；叶舌厚膜质，顶端平截或具裂齿；叶片质地较硬，直立，边缘常卷折。圆锥花序紧密呈穗状，小穗灰绿色或基部带紫色，颖膜质，先端尖常破裂，微粗糙，外稃背部密被柔毛，顶端具2微齿，具3脉，脉于顶端汇合且延伸成芒，芒柱稍扭转且被微短毛，具短毛，内稃具2脉，脉间被柔毛；花药顶端具毫毛。颖果圆柱形。花期7 ~ 8月，果期

7 ~ 9月。

习性特征：醉马草有毒，牲畜误食时，轻则致疾、重则死亡。

花期：7 ~ 8月。

致敏性：花粉致敏，致敏性中等。

花粉特征：花粉量小。光学显微镜下花粉粒近球形，直径约25微米，具单孔，孔明显，孔周围加厚，外壁层次不明显，表面具细颗粒状纹饰。

朝阳芨芨草 *Achnatherum nakaii*（Honda）Tateoka

别名： 中井芨芨草。

地理分布： 分布于辽宁、内蒙古、河北、山西等省区，生于海拔1200 ~ 1700米的山坡草地及河滩沙地。宁夏贺兰山等地有分布。

植物形态： 多年生草本，高40 ~ 60厘米。须根较稀疏，有时具沙套。秆细弱，紧密丛生，直立，具2–3节，光滑。叶鞘平滑或疏被短毛。叶片直立，通常内卷，光滑或边缘微粗糙。圆锥花序疏松，分枝细，微粗糙，多孪生，斜向上升或平展。小穗草绿色或褐紫色。颖长圆状披针形，顶端稍钝，背部具微毛，具3脉。外稃长约4.5毫米，顶端具2微齿，背部密被柔毛，具3脉，脉于顶端汇合，具毛，芒柱扭转且稍粗糙。内稃具2脉，脉间具柔毛。花药顶端无毛或具少数毫毛。花期7月，果期8 ~ 9月。

习性特征： 适应性强，对土壤要求不严，根系强大，常形成开阔的草甸及草滩。

花期： 7月。

致敏性： 花粉致敏，致敏性中等。

花粉特征： 花粉量小。光学显微镜下花粉粒近球形，直径约25微米，具单孔，孔明显，上覆孔膜，孔周围加厚，外壁层次不明显，表面具细颗粒状纹饰。

毛颖芨芨草 *Achnatherum pubicalyx*（Ohwi）Keng

地理分布： 主要分布于黑龙江、吉林、内蒙古、青海、陕西、宁夏、山西、河北等省区，主要生长于海拔600 ~ 2700米的山坡草地及林下。宁夏贺兰山等地有分布。

植物形态： 多年生草本，高60 ~ 100厘米。秆直立，丛生，在花序下微粗糙，具3 ~ 4节平截。叶鞘稍粗糙，叶片边缘常内卷，上面密生短柔毛，下面粗糙。圆锥花序较紧缩，主轴粗糙，分枝细弱，稍粗糙，斜向上升，2 ~ 4枚簇生。自基部着生小穗，紫红色或浅褐色。颖膜质，长圆状披针形，第二颖顶端稍钝，背部贴生微毛，具3脉；外稃背部密被较长的柔毛，顶端齿裂不明显，具3脉，脉于先端汇合，基盘顶端较钝，芒柱扭转且具细短毛；内稃约与外稃等长，具2脉，脉间被柔毛。花药顶端生毫毛。颖果纺锤形。花期7月，果期8 ~ 9月。

习性特征： 适应性强，对土壤要求不严，根系强大，常形成开阔的草甸及草滩。

花期： 7月。

致敏性： 花粉致敏，致敏性中等。

花粉特征： 花粉量小。光学显微镜下花粉粒近球形，直径约25微米，具单孔，孔明显，上覆孔膜，孔周围加厚，外壁层次不明显，表面具细颗粒状纹饰。

羽茅 *Achnatherum sibiricum*（L.）Keng

地理分布：分布于中国东北、华北、黄土高原、新疆、青藏高原等地区，生长在草原、草甸草原、山地草原、草原化草甸及林缘灌丛中。宁夏贺兰山、平罗、同心、隆德等地有分布。

植物形态：多年生草本植物，高60 ~ 150厘米。须根较粗。秆直立，平滑，平滑，疏丛，具3 ~ 4节，基部具鳞芽。叶鞘松弛，光滑，叶舌厚膜质，平截，顶端具裂齿，叶片扁平或边缘内卷，质地较硬，上面与边缘粗糙，下面平滑。圆锥花序较紧缩，分枝3至数枚簇生，稍弯曲或直立斜向上伸，具微毛，自基部着生小穗，小穗草绿色或紫色。颖膜质，长圆状披针形，顶端尖，背部微粗糙，具3脉，脉纹上具短刺毛。外稃顶端具2微齿，被较长的柔毛，背部密被短柔毛，具3脉，脉于顶端汇合，芒柱扭转且具细微毛，内稃约等长于外稃，背部圆形，无脊，具2脉，脉间被短柔毛。花药顶端生毫毛。颖果圆柱形。花期7月，果期8 ~ 9月。

习性特征：多为伴生植物，有时成为优势种，可形成单一的小群落。

花期：7月。

致敏性：花粉致敏，致敏性中等。

花粉特征：花粉量小。光学显微镜下花粉粒近球形，直径约25微米，具单孔，孔明显，上覆孔膜，孔周围加厚，外壁层次不明显，表面具细颗粒状纹饰。

2. 钝基草属 *Timouria* Roshev.

钝基草 *Achnatherum saposhnikovii* Roshev.

别名： 帖木儿草。

地理分布： 分布于内蒙古、甘肃、新疆、宁夏等省区，多生于海拔1500 ~ 2500米的山地荒漠草原及草原草场的阳坡或半阳坡。宁夏贺兰山等地有分布。

植物形态；多年生草本，高30 ~ 50厘米。植株具短根状茎。秆细弱，直立，丛生，具2 ~ 3节，基部宿存枯萎的叶鞘。叶鞘紧密抱茎，平滑，叶舌薄膜质，叶片质地较硬，直立，纵卷如针状。圆锥花序狭窄，紧密呈穗状，微粗糙，自基部即生小穗，小穗草黄色。颖披针形，先端渐尖，背部点状粗糙，具3脉。外稃背部被短毛，顶端2裂，具3脉，侧脉于顶端裂口处与中脉汇合，并向上延伸成芒，芒短而直或在基部稍扭转。内稃等长或稍短于外稃，具2脉。花药顶端无毛。颖果纺锤形。花期7月，果期8 ~ 9月。

习性特征： 适应性较广，具有抗干旱，抗风沙，耐土壤瘠薄等优良特性，即使在严重干旱的情况下，生长的仍然比较高大，种子繁殖力也强。

花期： 7月。

致敏性： 花粉致敏，致敏性中等。

花粉特征： 花粉量小。光学显微镜下花粉粒近球形，直径约25微米，具单孔，孔明显，上覆孔膜，孔周围加厚，外壁层次不明显，表面具细颗粒状纹饰。

3. 高粱属 *Sorghum* Moench

高粱 *Sorghum bicolor*（L.）Moench

别名：蜀黍、桃黍、木稷、荻粱、乌禾、芦穄、茭子、名禾。

地理分布：广泛分布于热带、亚热带和温带地区，中国南北各省区均有栽培。宁夏广泛分布。

植物形态：一年生草本，高3 ~ 5米。秆较粗壮，直立，基部节上具支撑根。叶鞘无毛或稍有白粉，叶舌硬膜质，先端圆，边缘有纤毛。叶片线形至线状披针形，表面暗绿色，背面淡绿色或有白粉，边缘软骨质，具微细小刺毛。圆锥花序疏松，主轴裸露，总梗直立或微弯曲；分枝3 ~ 7枚，轮生；每一总状花序具3 ~ 6节，无柄小穗倒卵形或倒卵状椭圆形。两颖均革质，上部及边缘通常具毛。外稃透明膜质，第一外稃披针形，边缘有长纤毛，第二外稃披针形至长椭圆形，具2 ~ 4脉，顶端稍2裂，自裂齿间伸出一膝曲的芒。雄蕊3枚，子房倒卵形，花柱分离，柱头帚状。颖果两面平凸，淡红色至红棕色，顶端微外露。有柄小穗线形至披针形，雄性或中性，宿存，褐色至暗红棕色。花期7 ~ 8月，果期8 ~ 9月。

习性特征：喜温，喜光，有一定的耐高温特性，是C4作物，根系发达，从土壤中吸收水分能力强。

花期：7 ~ 8月。

致敏性：花粉致敏，致敏性中等。

花粉特征：花粉量大，花粉飘散时间长。光学显微镜下花粉粒近球形至卵球形，直径约50 ~ 52微米，具单孔，孔边缘加厚，表面具模糊的细网状纹饰。

十七、车前科 Plantaginaceae

车前属 *Plantago* L.

车前 *Plantago asiatica* L.

别名：车前草、车轮草等。

地理分布：广泛分布于我国从北到南各地野外蔓生，生于海拔4500米以下的山间田野、草地草甸、河滩沟边及路旁。宁夏全区普遍分布。

植物形态：二年生或多年生草本。须根多数。根茎短，稍粗。叶基生呈莲座状，平卧、斜展或直立，叶片薄纸质或纸质，宽卵形至宽椭圆形，边缘波状、全缘或中部以下有锯齿、牙齿或裂齿，两面疏生短柔毛，叶柄基部扩大成鞘。穗状花序细圆柱状，花序3 ~ 10个，直立或弓曲上升，花序梗有纵条纹，疏生白色短柔毛。花具短梗，花冠白色，雄蕊着生于冠筒内面近基部，与花柱明显外伸，花药卵状椭圆形，白色。胚珠7 ~ 15。蒴果纺锤状卵形、卵球形或圆锥状卵形，于基部上方周裂。种子卵状椭圆形或椭圆形，具角，黑褐色至黑色，背腹面微隆起。花期6 ~ 7月，果期8 ~ 9月。

习性特征： 耐寒，耐旱，适应性强，对土壤要求不严，在温暖、潮湿、向阳、沙质沃土上生长良好。

花期： 6 ~ 7月。

致敏性： 花粉致敏，致敏性弱。

花粉特征： 花粉量小。光学显微镜下花粉粒近球形，直径约21 ~ 23微米，聚散孔，孔圆形，表面具颗粒状纹饰。

平车前 *Plantago depressa* Willd.

别名： 车前草、车茶草、蛤蟆叶。

地理分布： 广泛分布于我国从北到南各地区野外蔓生，生于海拔4500米以下的山间田野、草地草甸、河滩沟边及路旁。宁夏全区普遍分布。

植物形态： 一年生或二年生草本。直根长，具多数侧根，多少肉质。根茎短。叶基生呈莲座状，平卧、斜展或直立；叶片纸质，椭圆形、椭圆状披针形或卵状披针形，边缘具浅波状钝齿、不规则锯齿或牙齿，两面疏生白色短柔毛；叶柄基部扩大成鞘状。穗状花序细圆柱状，上部密集，花序3 ~ 10余个，花序梗有纵条纹，疏生白色短柔毛，花萼无毛，前对萼片狭倒卵状椭圆形至宽椭圆形，后对萼片倒卵状椭圆形至宽椭圆形，花冠白色，无毛；雄蕊着生于冠筒内面近顶端，同花柱明显外伸，花药卵状椭圆形或宽椭圆形，先端具宽三角状小突起，胚珠5。蒴果卵状椭圆形至圆锥状卵形，于基部上方周裂。种子4 ~ 5，椭圆形，腹面平坦，黄褐色至黑色。花期6 ~ 7月，果期8 ~ 9月。

习性特征：耐寒、耐旱，适应性强，对土壤要求不严，在温暖、潮湿、向阳、沙质沃土上能生长良好。

花期：6 ~ 7月。

致敏性：花粉致敏，致敏性弱。

花粉特征：花粉量小。光学显微镜下花粉粒近球形，直径约21 ~ 23厘米，聚散孔，孔圆形，表面具颗粒状纹饰。

十八、苋科 Amaranthaceae

苋属 *Amaranthus* L.

千穗谷 *Amaranthus hypochondriacus* L.

别名： 籽粒苋。

地理分布： 原产北美，宁夏普遍栽培供观赏。内蒙古、河北、四川、云南等省区也有栽培。

植物形态： 一年生草本，高20 ~ 80厘米。茎绿色或紫红色，分枝，无毛或上部微有柔毛。叶片菱状卵形或矩圆状披针形，具凸尖，全缘或波状缘，无毛，上面常带紫色，叶柄无毛。圆锥花序顶生，直立，圆柱形，不分枝或分枝，由多数穗状花序形成，侧生穗较短，花簇在花序上排列极密；苞片及小苞片卵状钻形，绿色或紫红色，背部中脉隆起；花被片矩圆形，绿色或紫红色；柱头2 ~ 3。胞果近菱状卵形，环状横裂，绿色，上部带紫色，超出宿存花被。种子近球形，白色，边缘锐。花期7 ~ 8月，果期8 ~ 9月。

习性特征：适应性强，生长迅速，枝叶繁茂，根系发达，具有很强的耐旱性。

花期：7 ~ 8月。

致敏性：花粉致敏，致敏性中等。

花粉特征：花粉量中等。光学显微镜下花粉粒球形或近球形，直径20 ~ 30微米，具30 ~ 40个散孔，均匀排列于花粉粒的表面，外壁表面具颗粒状纹饰。

反枝苋 *Amaranthus retroflexus* L.

别名：野苋菜、苋菜、西风谷。

地理分布：广泛分布于黑龙江、辽宁、内蒙古、河北、山东、河南、陕西、甘肃、宁夏、新疆等省区，多生于荒地、田间、路旁，为常见田间杂草。宁夏全区普遍分布。

植物形态：一年生草本，高20 ~ 80厘米，有时达1米多。茎直立，粗壮，单一或分枝，淡绿色，有时具带紫色条纹，稍具钝棱，密生短柔毛。叶片菱状卵形或椭圆状卵形，全缘或波状缘，两面及边缘有柔毛，叶

柄淡绿色，有柔毛。圆锥花序顶生及腋生，直立，由多数穗状花序形成，苞片及小苞片钻形，白色，花被片矩圆形或矩圆状倒卵形，薄膜质，白色；雄蕊比花被片稍长，柱头。胞果扁卵形，环状横裂，薄膜质，淡绿色，包裹在宿存花被片内。种子近球形，棕色或黑色，边缘钝。花期7 ~ 8月，果期8 ~ 9月。

习性特征：适应性极强，生长迅速，枝叶繁茂，根系发达，到处都能生长。

花期：7 ~ 8月。

致敏性：花粉致敏，致敏性中等。

花粉特征：花粉量中等。光学显微镜下花粉粒球形或近球形，直径20 ~ 30微米，具30 ~ 40个散孔，均匀排列于花粉粒的表面，外壁表面具颗粒状纹饰。

十九、菊科 Asteraceae

蒿属 *Artemisia* L.

莳萝蒿 *Artemisia anethoides* Mattf.

别名：肇东蒿、小碱蒿、伪茵陈、“博知莫格”“霍宁一沙里尔日”等。

地理分布：广泛分布于黑龙江、吉林、辽宁、内蒙古、河北、山西、陕西、宁夏、甘肃、青海、新疆等省区，多生长在干山坡、河湖边沙地、荒地、路旁等，盐碱地附近尤多，在草原、半荒漠草原与森林草原附近也有分布。宁夏贺兰山、青铜峡、银川等地有分布。

植物形态： 一至二年生草本，高30 ~ 60厘米，植株有浓烈的香气。主根单一，狭纺锤形，侧根多数。茎单生，淡红色或红色，分枝多，具小枝，茎、枝均被灰白色短柔毛。基生叶与茎下部叶长卵形或卵形，二至三回羽状全裂。头状花序近球形，具短梗，下垂，在分枝上排成复总状花序或为穗状花序式的总状花序，并在茎上组成开展的圆锥花序；苞片椭圆形或披针形，背面密被白色短柔毛，具绿色中肋，边缘膜质；雌花花冠狭管状，花柱线形，伸出花冠外；两性花花冠管状，花药线形，花柱先端截形叉口。瘦果倒卵形，上端平整或略偏斜，微有不对称的冠状附属物。花期7 ~ 8月，果期8 ~ 10月。

习性特征： 盐生植物，在低湿、盐渍化的局部地区可成为区域性植物群落的优势种或次优势种。

花期： 7 ~ 8月。

致敏性： 花粉致敏，致敏性强。挥发性混合物致敏。

花粉特征： 花粉量大。光学显微镜下花粉粒球形或近球形，大小为19 ~ 20微米，具3孔沟，外壁厚，表面具小刺状突起。

挥发性混合物特征： 植物有浓烈香气，飘散挥发性物质，其中含桉油精、β–侧柏酮、侧柏酮、松香芹酮、左旋龙脑、4–萜烯醇、石竹烯、氧化石竹烯等。

碱蒿 *Artemisia anethifolia* Web. ex Stechm.

地理分布： 分布于黑龙江、内蒙古、河北、山西、陕西、宁夏、甘肃、青海及新疆等省区，常生于海拔800 ~ 2300米附近的干山坡、干河谷、碱性滩地、盐渍化草原附近、荒地及固定沙丘附近。宁夏贺兰山、银川、平罗、同心、海原等地有分布。

植物形态： 一至二年生草本，高20 ~ 50厘米，植株有浓烈的香气。主根单一，垂直，狭纺锤形。茎单生，稀少数，直立或斜上，具纵棱，下部半木质化，分枝多而长。基生叶椭圆形或长卵形，二至三回羽状全裂，每裂片再次羽状全裂，小裂片狭线形。头状花序半球形或宽卵形，下垂或斜生，在分枝上排成穗状花序式的总状花序，并在茎上组成疏散、开展的圆锥花序，花序托凸起，半球形，具白色托毛；雌花花冠狭管状，花柱伸出花冠外，两性花花冠管状，花药线形。瘦果椭圆形或倒卵形，顶端偶有不对称的冠状附属物。花期7 ~ 8月，果期8 ~ 10月。

习性特征： 其根中具有发达的通气结构，可在pH值8.5 ~ 9.5的盐碱土上生长良好，可耐pH值10以上的生境，常在盐碱斑的外围成圈生长，在碱湖边的盐碱滩上和低位碱斑区域可形成单优种群落，生长茂盛。是生长于北方干旱高盐地区的一种盐生植物，是蒿属中最耐盐碱的专性盐生植物，是强盐碱土的指示植物。

花期： 7 ~ 8月。

致敏性：花粉致敏，致敏性强。挥发性混合物致敏。

花粉特征：花粉量大。光学显微镜下花粉粒球形或近球形，大小约20微米，具孔沟，外壁厚，表面具小刺状突起。

挥发性混合物特征：植株有浓烈的香气，飘散大量挥发性成分，其中含枯烯、叶绿醇、间乙基甲苯、3，5–二甲基–1–金刚烷醇、正丙苯等成分。

黄花蒿 *Artemisia annua* Linn.

别名：草蒿、青蒿、臭蒿、犱蒿等。

地理分布：遍及中国全境，广泛分布于欧洲、亚洲的温带、寒温带及亚热带地区，生长在路旁、荒地、山坡、草原、林缘、干河谷、半荒漠及砾质坡地等处，也见于盐渍化的土壤上。宁夏全区普遍分布。

植物形态：一年生草本，高10 ~ 20厘米，植株有浓烈的挥发性香气。根单生，垂直，狭纺锤形。茎单生，有纵棱，多分枝，茎、枝、叶两面及总苞片背面无毛或初时背面微有极稀疏短柔毛，后脱落无毛。叶纸质，宽卵形或三角状卵形，两面具细小脱落性的白色腺点及细小凹点，三（至四）回栉齿状羽状深裂，每侧有裂片，裂片长椭圆状卵形，再次分裂，小裂片边缘具多枚栉齿状三角形或长三角形的深裂齿，小裂片栉齿状三角形。头状花序球形，多数，下垂或倾斜，基部有线形的小苞叶，在分枝上排成总状或复总状花序，并在茎上组成开展、尖塔形的圆锥花序。花深黄色，雌花花冠狭管状，花柱线形，伸出花冠外；两性花花冠管状，结实或中央少数花不结实，花药线形，上端附属物尖，长三角形。瘦果小，椭圆状卵形，略扁。花期7 ~ 8月，果期8 ~ 10月。

习性特征：喜温暖阳光，忌水浸，不耐荫蔽，生境适应性强，局部地区可成为植物群落的优势种或主要伴生种。

花期：7 ~ 8月。

致敏性：花粉致敏，致敏性强。挥发性混合物致敏。

花粉特征：花粉量大。光学显微镜下花粉粒球形或近球形，大小约19微米，具2 ~ 3孔沟，沟外壁厚，内层较薄，表面，刺状突起明显，轮廓线波纹状显著不平。

挥发性混合物特征：植株有浓烈的香气，飘散大量挥发性成分，其中含樟脑、龙脑、薄荷酮、β－芹子烯、匙叶桉油烯醇、顺－香芹醇、倍伴萜醇类等成分。

艾 *Artemisia argyi* Lévl. et Vant.

别名：艾蒿、白蒿、冰台、医草、甜艾、艾草、海艾、白艾、蕲艾等。

地理分布：分布广泛，在中国除极干旱与高寒地区外，几乎遍及各地，生于低海拔至中海拔地区的荒地、路旁河边及山坡等地，也见于森林草原及草原地区。宁夏全区普遍分布。

植物形态：多年生草本，高80 ~ 150厘米，植株有浓烈香气。主根明显，略粗长，侧根多，常有横卧地下根状茎及营养枝。叶厚纸质，上面被灰白色短柔毛，并有白色腺点与小凹点，背面密被灰白色蛛丝状密绒毛，羽状深裂，每侧具裂片2 ~ 3，裂片椭圆形或倒卵状长椭圆形，每裂片有2 ~ 3枚小裂齿。头状花序椭圆形，每数枚至10余枚在分枝上排成小型的穗状花序或复穗状花序，并在茎上通常再组成狭窄、尖塔形的圆锥花序，花后头状花序下倾；总苞片覆瓦状排列，草质，卵形或狭卵形，背面密被灰白色蛛丝状绵毛，边缘膜质；雌花花冠狭管状，紫色，花柱细长，伸出花冠外甚长，两性花花冠管状或高脚杯状，花药狭线形，花柱先端2叉。瘦果长卵形或长圆形。花期7 ~ 8月，果期8 ~ 10月。

习性特征：耐寒耐旱，喜温暖湿润气候，极易繁衍生长，对气候和土壤的适应性较强，以潮湿肥沃的土壤生长较好。

花期：7 ~ 8月。

致敏性：花粉致敏，致敏性强。挥发性混合物致敏。

花粉特征：花粉量大。光学显微镜下花粉粒球形或近球形，大小约20微米，具散孔，外壁厚，表面有明显小刺状突起。

挥发性混合物特征：植株有浓烈的香气，飘散大量挥发性成分，其中含2－甲基丁醇、2－己烯醛、α－侧柏烯、柠檬烯、α－侧柏酮、α－水芹烯、香茅醇、水合樟烯、1，4－桉叶素、蒿属酮、辣薄荷酮、羽毛柏烯等成分。

有白色托毛；雌花花冠狭管状，花柱伸出花冠外，上部2叉；两性花花冠管状，花药线形，先端附属物尖。瘦果长圆形或椭圆状倒卵形，上端圆，有时有不对称的膜质冠状边缘。花期7 ~ 8月，果期8 ~ 10月。

习性特征：适应性强，常构成干旱与半干旱地区植物群落的建群种或主要伴生种。

花期：7 ~ 8月。

致敏性：花粉致敏，致敏性强。挥发性混合物致敏。

花粉特征：花粉量大。光学显微镜下花粉粒球形或近球形，大小为19 ~ 20微米，具3孔沟，外壁厚，表面具小刺状突起。

挥发性混合物特征：植株有浓烈的香气，飘散大量挥发性成分，其中含1，7，7–三甲基二环[2，2，1]庚–2–酮、桉油精、龙脑、4–甲基–1–（1–甲基乙基）–3–环己烯基–1–醇、侧柏酮、3，7–二甲基–1，6–辛二烯基–3–醇、麝香草酚等成分。

紫花冷蒿 *Artemisia frigida* var. *atropurpurea* Pamp.

地理分布：分布于宁夏、甘肃、青海及新疆等省区，生于海拔2000 ~ 2600米的山坡。宁夏贺兰山、盐池、海原等地有分布。

植物形态：多年生草本，植株矮，高10 ~ 18厘米。主根细长或粗，木质化，侧根多；根状茎粗短或咯细，有多条营养枝，并密生营养叶。茎直立，数枚或多数常与营养枝共组成疏松或稍密集的小丛，基部木质化，枝短，斜向上；茎、枝、叶及总苞片背面密被淡灰黄色或灰白色、稍带绢质的短绒毛，后茎上毛稍脱落。叶长圆形或倒卵状长圆形，二至三回羽状全裂，每侧有裂片3 ~ 4枚，小裂片线状披针形、椭圆状披针形或披针形，基部裂片半抱茎并成假托叶状。头状花序半圆形，在茎上多组成穗状花序，稀少为穗状花序式的狭圆锥花序，花冠檐部紫色；雌花花冠狭管状，花柱伸出花冠外，上部2叉；两性花花冠管状，花药线形，先端附属物尖。瘦果长圆形或椭圆状倒卵形。花期7 ~ 8月，果期8 ~ 10月。

花期：7 ~ 8月。

致敏性：花粉致敏，致敏性强。挥发性混合物致敏。

花粉特征：花粉量大。光学显微镜下花粉粒球形或近球形，大小为19 ~ 20微米，具3孔沟，外壁厚，表面具小刺状突起。

挥发性混合物特征：植株有浓烈的香气，飘散大量挥发性成分，其中含樟脑、桉树脑、乙烯基1，3-庚二烯醛、盂烯醇、桥环萜烯酮、莰烯、6-甲基-2-1R-α-蒎烯、去甲基丁香酚等成分。

甘肃蒿 *Artemisia gansuensis* Y. Ling et Y. R. Ling.

地理分布：分布于河北、山西（北部）、内蒙古、陕西、甘肃、宁夏、青海等省区，生于干旱坡地、黄土高原、路旁等。宁夏盐池、海原等地有分布。

植物形态：半灌木状草本，高18 ~ 30厘米。主根木质，垂直，侧根多；根状茎稍粗，木质。茎常成小丛，下部木质，上部草质，具细棱，棕褐色或黄褐色；茎、枝、叶两面及总苞片背面初时被灰白色微柔毛，后脱落无毛或近无毛。叶小，宽卵形或近圆形，二回羽状全裂，每侧裂片3枚，再成3全裂，小裂片狭线形。头状花序小，卵钟形或宽卵形，基部小苞叶极小，不明显，头状花序在分枝端或小枝上排成穗状花序式的狭总状花序，在茎上组成中等开展的圆锥花序；总苞片草质，卵形或长卵形，边缘膜质或半膜质；雌花花冠狭管状或狭圆锥状，花柱伸出花冠外，先端2

叉；两性花不孕育，花冠管状，花药线形，先端附属物尖，花柱线形，先端膨大，2裂。瘦果小，倒卵形，具细纵纹。花期7 ~ 8月，果期8 ~ 10月。

花期： 7 ~ 8月。

致敏性： 花粉致敏，致敏性强。

花粉特征： 花粉量大。光学显微镜下花粉粒球形或近球形，大小为19 ~ 20微米，具3孔沟，外壁厚，表面具小刺状突起。

华北米蒿 *Artemisia giraldii* Pamp.

别名： 吉氏蒿、艾蒿、灰蒿、米棉蒿、麻拉图西–沙里尔日、普儿芒。

地理分布： 分布于内蒙古、河北、山西、陕西、宁夏、甘肃及四川等省区，生长在海拔1000 ~ 2300米的黄土高原、山坡、干河谷、丘陵、路旁、滩地、林缘、森林草原、灌丛与林中空地等。宁夏贺兰山、同心、海原、中卫等地有分布。

植物形态： 半灌木状草本植物，高50 ~ 80厘米。主根明显，木质化，侧根多，根状茎稍粗短，茎常成小丛，具纵棱，分枝多；茎、枝幼时被微柔毛，后渐稀疏或无毛。叶纸质，灰绿色，叶面疏被灰白色或淡灰色短柔毛，背面初时密被灰白色微呈蛛丝状柔毛，后毛渐脱落；叶片卵形、长卵形或椭圆形，指状3深裂，裂片披针形或线状披针形，基部无假托叶或假托叶极不明显。头状花序多数，宽卵形、近球形或长圆形，在分枝上排成穗状花序式的总状花序或复总状花序，在茎上组成开展的圆锥花序；总苞片略短小，卵形或长卵形，背面无毛，有绿色中肋，边缘膜质或半膜质；雌花花冠狭管状或狭圆锥状，花柱伸出花冠外，先端2叉；两性花不孕育，花冠管状，花药线形，先端附属物尖，花柱短，先端棒状，退化子房不明显。瘦果倒卵形。花期7 ~ 8月，果期8 ~ 10月。

习性特征：具有较强的旱生性，是组成干旱草原草场植被的重要建群种，常见与长芒草一起构成地带性植被，覆盖在黄土母质的丘陵、低山的干燥阳坡、半阳坡。

花期：7 ~ 8月。

致敏性：花粉致敏，致敏性强。挥发性混合物致敏。

花粉特征：花粉量大。光学显微镜下花粉粒球形或近球形，大小为19 ~ 20微米，具3孔沟，外壁厚，表面具小刺状突起。

挥发性混合物特征：植株有浓烈的香气，飘散大量挥发性成分，其中含2-甲基-1，4-戊二烯、苯乙醇、乙烯基苯、苯乙醛等成分。

根，果壁有胶质物，遇水吸湿膨胀能胶结沙粒及保水供种子萌发，为良好的固沙植物之一。在荒漠的局部地区构成植物群落的优势种。

花期：7 ~ 8月。

致敏性：花粉致敏，致敏性强。

花粉特征：花粉量大。光学显微镜下可见花粉粒球形或近球形，大小约20微米，具3孔沟，外壁具明显的两层结构，外层比内层厚，外壁厚，表面具小刺状突起。

牡蒿 *Artemisia japonica* Thunb.

地理分布：广泛分布于我国除西南地区外各省区，常见于低海拔的林缘、林中空地、疏林下、旷野、灌丛、丘陵、山坡、路旁等。宁夏全区普遍分布。

植物形态：多年生草本，高50 ~ 130厘米，植株有香气。主根稍明显，侧根多，常有块根；根状茎稍粗短，直立或斜向上。茎单生或少数，有纵棱，紫褐色或褐色，上半部分枝，通常贴向茎或斜向上长，茎、枝初时被微柔毛，后渐稀疏或无毛。叶纸质，叶倒卵形或宽匙形，羽状深裂或半裂，裂片上端常有缺齿或无缺齿，两面无毛或初时微有短柔毛，后无毛。头状花序多数，卵球形或近球形，在分枝上通常排成穗状花序或穗状花序状的总状花序，在茎上组成狭窄或中等开展的圆锥花序；总苞片略小，卵形或长卵形，背面无毛，中肋绿色，边膜质或半膜质；雌花花冠狭

圆锥状，花柱伸出花冠外，先端2叉；两性花不孕育，花冠管状，花药线形，先端附属物尖，花柱短，先端稍膨大，2裂，退化子房不明显。瘦果小，倒卵形。花期7 ~ 8月，果期8 ~ 10月。

花期：7 ~ 8月。

致敏性：花粉致敏，致敏性强。挥发性混合物致敏。

花粉特征：花粉量大。光学显微镜下花粉粒花粉粒球形或近球形，大小约24微米，具3孔沟，外壁具明显的两层结构，外层比内层厚，外壁厚，表面具排列疏松的小刺状纹饰。

挥发性混合物特征：植株全株有香气，挥发性成分中主要含有氧化石竹烯、β－石竹烯、邻二甲苯、2－香豆酸、（*Z*, *E*）－α－金合欢烯、环己酮、（*E*）－α－金合欢烯等。

狭裂白蒿 *Artemisia kanashiroi* Kitam.

地理分布：分布于内蒙古、河北、山西、陕西、宁夏（南部）、甘肃及青海等省区，生长于海拔2300米以下地区的田边、路旁、山坡等处。宁夏南部地区多见分布。

植物形态：多年生草本，高25 ~ 60厘米。主根细长，侧根多；根状茎常匍地延伸。茎单生或少数，具细纵棱，茎、枝初时密被灰白色或灰黄色蛛丝状绒毛，后茎下部毛渐脱落，上部毛稍稀疏。叶纸质，上面绿色，疏被灰白色短柔毛及白色腺点，背面密被灰白色蛛丝状厚绒毛；叶近圆形或宽卵形，一至二回羽状全裂。头状花序长圆形或长卵形，在分枝或分枝的小枝上排成短穗状花序，在茎上组成略狭而长的圆锥花序或为中等开展的圆锥花序；总苞片短小，卵形或长卵形，背面密被灰白色蛛丝状厚绒毛，边膜质；雌花花冠狭管状，檐部具2裂齿，花柱长，先端2叉；两性花花冠管状，檐部紫色，花药线形，先端附属物尖，花柱先端2叉，具睫毛。瘦果长圆形或长圆状倒卵形。花期7 ~ 8月，果期8 ~ 10月。

花期：7 ~ 8月。

致敏性：花粉致敏，致敏性强。挥发性混合物致敏。

花粉特征：花粉量大。光学显微镜下花粉粒球形或近球形，大小约24 ~ 25微米，具3孔沟，孔圆形，外壁具明显的两层结构，外层比内层厚，表面具颗粒状纹饰，轮廓线上为小刺状突起。

挥发性混合物特征：植株全株有香气，挥发性成分中主要含有桉树脑、樟脑、右旋龙脑、石竹烯、白菖烯、棕榈酸乙酯、甲酸橙花酯等。

宽叶蒿 *Artemisia latifolia* Ledeb.

地理分布：分布于东北地区西部、内蒙古东北部及甘肃东北部等地区，生于中、低海拔的草原、森林草原、疏林边缘、林中空地及灌丛地等，也见于草甸与盐渍化的草地上。宁夏西南部地区多见分布。

植物形态：多年生草本，高20 ~ 70厘米。主根单一或数枚，根状茎稍长或短，斜升，常有黑色老叶柄残基。茎常单生，草质，具纵棱，无毛或上部微有平贴的短柔毛。叶两面具密小凹点，上面无毛，背面淡绿色，无毛或初时疏被短柔毛，后脱落无毛；叶长圆形、椭圆状长圆形或长卵形，一至二回羽状深裂，裂片披针形或卵状披针形，每裂片再成栉齿状羽状深裂，基部无假托叶。头状花序近球形或半球形，下垂，在分枝上排成短、穗状花序式的总状花序，在茎上再组成狭窄的圆锥花序；总苞片卵形，背面无毛或近无毛，黄褐色，边缘膜质；雌花花冠狭管状，外面有腺点，花柱先端2叉；两性花花冠管状，外面有腺点，花药长线形，上端附属物尖，花柱先端分叉短。瘦果倒卵形或稍呈棱形，纵纹稍明显。花期7 ~ 8月，果期8 ~ 10月。

花期：7 ~ 8月。

致敏性：花粉致敏，致敏性强。

花粉特征：花粉量大。光学显微镜下花粉粒球形或近球形，大小为24 ~ 25微米，具3孔沟，外壁具明显的两层结构，外层比内层厚，表面具小刺状突起。

野艾蒿 *Artemisia lavandulifolia* Candolle

别名：荫地蒿、野艾、小叶艾、艾叶、苦艾、陈艾等。

地理分布：广泛分布于我国大部分地区，多生于低或中海拔地区的路旁、林缘、山坡、草地、山谷、灌丛及河湖滨草地等。宁夏全区普遍分布。

植物形态：多年生草本，高50 ~ 120厘米，植株有香气。主根稍明显，侧根多；根状茎稍粗，常匍地，有细而短的营养枝。茎少数，成小丛，具纵棱，分枝多，茎、枝被灰白色蛛丝状短柔毛。叶纸质，上面绿色，具密集白色腺点及小凹点，叶宽卵形、长圆形或近圆形，二回羽状全裂或第一回全裂，第二回深裂，每侧裂片椭圆形或长卵形，每裂片具线状披针形或披针形的小裂片或深裂齿，边缘反卷，基部有小型羽状分裂的假托叶。头状花序极多数，椭圆形或长圆形，在分枝的上半部排成密穗状或复穗状花序，并在茎上组成狭长或中等开展，稀为开展的圆锥花序；总苞片略小，卵形或狭卵形，背面密被灰白色或灰黄色蛛丝状柔毛，边缘膜质或半膜质，花序托小，凸起；雌花花冠狭管状，檐部具2裂齿，紫红色，花柱线形，先端2叉；两性花花冠管状，檐部紫红色，花药线形，先端附属物尖，花柱先端2叉，扇形。瘦果长卵形或倒卵形。花期7 ~ 8月，果期8 ~ 10月。

习性特征：耐寒，对气候的适应性强，对土壤要求不严，全国大部分地区均有分布。

花期：7 ~ 8月。

致敏性：花粉致敏，致敏性强。挥发性混合物致敏。

花粉特征：花粉量大。光学显微镜下花粉粒球形或近球形，大小约28微米，具3孔沟，孔圆形，外壁厚，近沟处外壁变薄，表面具颗粒状纹饰，轮廓线上为小刺状突起。

挥发性混合物特征：植株全株有香气，挥发性成分中主要含有1，8-桉叶油素、α-松油醇、萜烯-4、4-甲基-1-（1-甲乙基）-双环已烷-3-酮、环癸烯、菠菜烯、氧化石竹烯、石竹烯等。

小球花蒿 *Artemisia moorcroftiana* Wall ex Candolle

地理分布：广泛分布于甘肃、宁夏、青海、四川（西部）、云南（西北部）及西藏等省区，常生于山坡、台地、干河谷、砾质坡地、亚高山或高山草原和草甸等地区。宁夏全区普遍分布。

植物形态：多年生草本，高50 ~ 70厘米。主根稍粗，侧根细而长；根状茎短，有营养枝。茎少数或单生，紫红色或褐色，纵棱明显；茎、枝初时被灰白色或淡灰黄色短柔毛，后渐稀疏或近无毛。叶纸质，绿色，叶面微被绒毛，背面密被灰白色或灰黄色短绒毛；叶长圆形、卵形或椭圆形，二至三回羽状全裂或深裂，裂片卵形或长卵形，再次羽状深裂，小裂片披针形或线状披针形，边缘稍反卷，偶有浅裂齿。头状花序稍多数，球形或半球形，在茎端或短的分枝上密集排成穗状花序，在茎上组成狭而长的圆锥花序；总苞片略小，卵形，背面绿色，被灰白色或淡灰黄色短柔毛，边缘膜质或半膜质；雌花花冠狭管状或狭圆锥状，檐部具2裂齿，花柱伸出花冠外，先端2叉；两性花花冠管状，外面有小腺点，花药线形或披针形，先端附属物尖，花柱先端2叉有睫毛。瘦果小，长卵形或长圆状倒卵形。花期7 ~ 8月，果期8 ~ 10月。

花期：7 ~ 8月。

致敏性：花粉致敏，致敏性强。

花粉特征：花粉量大。光学显微镜下花粉粒球形或近球形，大小约24微米，具3孔沟，外壁具明显的两层结构，外层比内层厚，表面具小刺状突起。

蒙古蒿 *Artemisia mongolica* (Fisch. ex Bess.) Nakai

地理分布：广泛分布于我国各省区，多生于中或低海拔地区的山坡、灌丛、河湖岸边及路旁等，西北、华北地区还见于森林草原、草原和干河谷等地区。宁夏全区普遍分布。

植物形态：多年生草本植物，高40 ~ 120厘米。根细，侧根多；根状茎短，半木质化，有少数营养枝。茎少数或单生，具明显纵棱；分枝多，斜向上或略开展；茎、枝初时密被灰白色蛛丝状柔毛，后稍稀疏。叶纸质或薄纸质，上面绿色，初时被蛛丝状柔毛，后渐稀疏或近无毛，背面密被灰白色蛛丝状绒毛；叶卵形、近圆形或椭圆状卵形，一至二回羽状全裂或深裂，第一回全裂，裂片椭圆形、长圆形、椭圆形、椭圆状披针形或披针形，再次羽状深裂或为浅裂齿。头状花序多数，椭圆形，直立或倾斜，有线形小苞叶，在分枝上排成密集的穗状花序，并在茎上组成狭窄或

中等开展的圆锥花序；总苞片覆瓦状排列，卵形或狭卵形，背面密被灰白色蛛丝状毛，边缘膜质或半膜质；雌花花冠狭管状，檐部具2裂齿，紫色，花柱先端2叉，反卷；两性花花冠管状，背面具黄色小腺点，檐部紫红色，花药线形，先端附属物尖，花柱先端2叉，有睫毛。瘦果小，长圆状倒卵形。花期7 ~ 8月，果期8 ~ 10月。

习性特征： 属于温带中生植物，常生长在河岸沙地、草甸、河谷，撂荒地上，也经常侵入耕地、路旁。在草甸、草甸草原、典型草原群落中均能见到，在局部低湿的草甸中可以形成小群聚。

花期： 7 ~ 8月。

致敏性： 花粉致敏，致敏性强。挥发性混合物致敏。

花粉特征：花粉量大。光学显微镜下花粉粒球形或近球形，大小为24 ~ 25微米，具3孔沟，外壁具明显的两层结构，外层比内层厚，表面具小刺状突起。

挥发性混合物特征： 植株全株有香气，挥发性成分中主要含有1,7,7-三甲基-6-乙烯基-2,3二氮杂二环[2,2,1]庚-2-烯、对薄荷-1,4（8）-二烯、邻菲烯、桉树醇、对松油烯、顺式菊花醇、内博美醇、薄荷-1-烯-4-醇、松油醇、对薄荷-1（7），3-二烯、(*S*, *E*)-2,5-二甲基-4-乙烯基己基-2,5-二烯-1-乙酸酯、乙酸龙脑酯、荜澄茄烯、石竹烯、大根香叶烯D、香油荚等。

黑沙蒿 *Artemisia ordosica* Krasch.

别名： 沙蒿、鄂尔多斯蒿、油蒿、籽蒿、哈拉一沙巴嘎。

地理分布： 广泛分布于内蒙古、河北、山西、陕西、宁夏、甘肃及新疆等省区，多分布于海拔1500米以下的荒漠与半荒漠地区的流动与半流动沙丘或固定沙丘上，也生长在干草原与干旱的坡地上。宁夏全区普遍分布。

植物形态： 多年生小灌木，高50 ~ 100厘米。主根粗而长，木质，侧根多；根状茎粗壮，具多枚营养枝。茎多枚，茎皮老时常呈薄片状剥落，分枝多，茎、枝与营养枝常组成大的密丛。叶黄绿色，初时两面微有短柔毛，后无毛，多少半肉质，干后坚硬；叶宽卵形或卵形，一至二回羽状全裂，裂片狭线形。头状花序多数，卵形，斜生或下垂，在分枝上排成总状或复总状花序，在茎上组成开展的圆锥花序；总苞片卵形或长卵形，背面黄绿色，无毛，边缘膜质或半膜质；雌花花冠狭圆锥状，檐部具2裂齿，花柱长，先端2叉；两性花不孕育，花冠管状，花药线形，顶端附属物尖，花柱短，棒状，2裂，退化子房不明显。瘦果倒卵形，果壁上具细纵纹并有胶质物。花期7 ~ 8月，果期8 ~ 10月。

习性特征： 耐寒性强，在冬季气温达–30℃也能安全过冬，根系粗长，茎分枝多而长，耐沙压埋；果壁上含胶质物，遇水吸湿膨胀可胶住土壤并能促进种子发芽，为良好的固沙植物之一，在荒漠与半荒漠地区常组成植物群落的优势种或主要伴生种。

花期： 7 ~ 8月。

致敏性： 花粉致敏，致敏性强。

花粉特征： 花粉量大。光学显微镜下花粉粒球形或近球形，大小约23微米，具3孔沟，孔横长，外壁厚，近沟处逐渐变薄，表面具颗粒状纹饰，轮廓线呈微波浪状。

褐苞蒿 *Artemisia phaeolepis* Krasch.

地理分布：分布于古、西藏、青海、宁夏、甘肃、山西、新疆等省区，生长于沟谷、路旁、草地、山坡、林缘灌丛等地区，也见于荒滩、草甸和砾质皮地与半荒漠草原地区。宁夏全区普遍分布。

植物形态：多年生草本，高15 ~ 40厘米，植株有浓烈挥发性气味。根单一或数枚，半木质化；根状茎稍粗或略细，直立或斜向上，有少数细短的营养枝。茎单生或少数，有纵棱，通常不分枝或茎中部具少数着生头状花序的细短分枝。叶质薄，上面近无毛，微有小凹点，背面初时微有灰白色长柔毛，后渐脱落无毛；叶椭圆形或长圆形，二至三回栉齿状的羽状分裂，每裂片两侧具多枚栉齿状或短披针形的小裂片，小裂片全缘或有小锯齿，背脉凸起，叶缘常加厚。头状花序少数，半球形，下垂，在茎上或在细短的分枝上排成总状花序或为穗状花序状的总状花序，在茎上排成总状花序式的狭圆锥花序；总苞片长卵形，背面近无毛，边褐色，膜质；雌花花冠狭管状或狭圆锥状，背面有腺点，檐部具2裂齿，花柱长，先端2叉两性花全孕育或有时中央花不孕育，花冠管状，背面有腺点，檐部外面初时常有短柔毛，花药线形或倒披针形，上端附属物尖，花柱先端2叉，有短睫毛。瘦果长圆形或长圆状倒卵形，具不明显的纵纹。花期7 ~ 8月，果期8 ~ 10月。

花期：7 ~ 8月。

致敏性：花粉致敏，致敏性强。挥发性混合物致敏。

花粉特征：花粉量大。光学显微镜下花粉粒球形或近球形，大小为24 ~ 25微米，具3孔沟，外壁具明显的两层结构，外层比内层厚，表面具小刺状突起。

挥发性混合物特征：植株全株有香气，挥发性成分中主要含有桉油醇、樟脑、4 —萜烯醇、石竹烯氧化物、大根香叶烯、石竹烯、(*E*) –2–己烯醛、黏蒿三烯、α –蒎烯、桧烯、β –月桂烯、α –水芹烯、柠檬烯、芳樟醇、侧柏酮、菊油环酮、香茅醛、松香芹酮、(*Z*) –桧萜醇、龙脑、香茅醇、香芹酮、侧柏醇乙酯、α –荜澄茄烯、丁香酚、乙酸香叶酯、古芸烯、γ –榄香烯等。

西北蒿 *Artemisia pontica* L.

地理分布：主要分布于宁夏、甘肃（西部）、新疆（东北部）等地区，生长于中或低海拔的砾质坡地、干旱河谷、草原、荒坡等地。宁夏全区普遍分布。

植物形态：多年生草本，高30 ~ 60厘米。主根木质，垂直；根状茎稍粗大，木质，直立或倾斜，常有营养枝。茎少数或单生，具细纵纹，多分枝，茎上部及分枝密被灰白色柔毛或短柔毛，下部初时被毛后脱落，褐色。叶纸质，上面疏被灰白色微柔毛，背面密背灰绿色柔毛，基生叶多，密集，叶卵形或宽卵形，二至三回羽状全裂，小裂片细小，椭圆形或短线形，上部叶为狭线形或狭线状披针形。头状花序多数，近球形，下垂，在分枝或小枝上排成穗状花序，在茎上组成狭窄或中等开展的圆锥花序；总苞片卵形或长卵形，背面被灰白色或灰绿色短柔毛，具绿色中肋，边膜质或半膜质；雌花花冠狭管状或狭圆锥状，花柱伸出花冠外，先端2叉；

两性花花冠管状，檐部外面无毛或微被细短柔毛，背面具腺点，花药线形，先端附属物尖，花柱2叉，具睫毛。瘦果倒卵形。花期7 ~ 8月，果期8 ~ 10月。

花期：7 ~ 8月。

致敏性：花粉致敏，致敏性强。

花粉特征：花粉量大。光学显微镜下花粉粒球形或近球形，大小为24 ~ 25微米，具3孔沟，外壁具明显的两层结构，外层比内层厚，表面具小刺状突起。

柔毛蒿 *Artemisia pubescens Le*deb.

地理分布：广泛分布于黑龙江、吉林、辽宁、内蒙古、河北、山西、陕西、甘肃、青海、新疆及四川等省区。多生于中、低海拔地区的草原、森林草原、草甸、林缘及湿润、半湿润或半干旱地区的荒坡、丘陵、砾质坡地及路旁等。宁夏全区普遍分布。

植物形态：多年生草本，高25 ~ 60厘米。主根明显，木质；根状茎稍粗短，直立，具营养枝。茎多数，成小丛，草质或基部半木质或稍木质化，褐红色，有细纵棱，茎上部及枝初时被灰白色柔毛，后渐稀疏或脱落无毛。叶纸质，初时叶两面密被短柔毛，后叶面毛脱落，背面微有短柔毛；叶卵形或长卵形，二至三回羽状全裂，裂片常再全裂，裂片、小裂片狭线形或狭线状披针形。头状花序多数，长圆形、近球形或卵球形，斜展或略下垂，在茎端或分枝上排成总状花序或近于穗状花序，在茎上组成中等开展的圆锥花序；总苞片略短小，卵形，背面具绿色中肋，边缘膜质或半膜质；雌花花冠狭管状或狭圆锥状，檐部具2裂齿，花柱线形，先端2叉；两性花不孕育，花冠管状，花药线形，上端附属物尖，花柱先端2裂，退化子房不明显。瘦果长圆形或长卵形。花期7 ~ 8月，果期8 ~ 10月。

习性特征：旱生轴根型植物，生于沙质、沙壤质、黑土、黑钙土、栗钙土和草甸土的土壤上，是典型草原和草甸草原群落中常见的伴生种，局部地域可成为优势种。

花期：7 ~ 8月。

致敏性：花粉致敏，致敏性强。

花粉特征：花粉量大。光学显微镜下花粉粒球形或近球形，大小为24 ~ 25微米，具3孔沟，外壁具明显的两层结构，外层比内层厚，表面具小刺状突起。

白莲蒿 *Artemisia stechmanniana* Bess.

地理分布：除高寒地区外，几乎遍布中国各地区，生于中或低海拔的山坡、路旁、灌丛地及森林草原地区。宁夏全区普遍分布。

植物形态：半灌木草本，高30 ~ 60厘米。根稍粗大，木质；根状茎粗壮，木质，常有多数直立或斜上长的营养枝。茎：茎多数，常组成小丛，褐色或灰褐色，具纵棱，分枝多而长；茎、枝初时被微柔毛，后下部脱落无毛，上部宿存或无毛。叶长卵形、三角状卵形或长椭圆状卵形，二至三回栉齿状羽状全裂，裂片椭圆形或长椭圆形，每裂片再次羽状全裂，小裂片栉齿状披针形或线状披针形，每侧具数枚细小三角形的栉齿或小裂片短小成栉齿状。头状

花序近球形，下垂，在分枝上排成穗状花序式的总状花序，在茎上组成密集或略开展的圆锥花序；总苞片披针形或长椭圆形，初时密被灰白色短柔毛，后脱落无毛，中肋绿色，边缘近膜质或膜质；雌花花冠狭管状或狭圆锥状，外面微有小腺点，檐部具裂齿，花柱线形，先端2叉；两性花花冠管状，外面有微小腺点，花药椭圆状披针形，上端附属物尖，花柱先端2叉，有短睫毛。瘦果狭椭圆状卵形或狭圆锥形。花期7 ~ 8月，果期8 ~ 10月。

花期：7 ~ 8月。

致敏性：花粉致敏，致敏性强。挥发性混合物致敏。

花粉特征：花粉量大。光学显微镜下花粉粒球形或近球形，大小约24 ~ 26微米，具3孔沟，孔呈圆形，外壁厚，近沟处外壁逐渐变薄，表面具颗粒状纹饰，轮廓线呈微波浪状。

挥发性混合物特征：植株全株有香气，挥发性成分中主要含有萸类、倍半萜内酯等。

密毛白莲蒿 *Artemisia gmelinii*. var. *messerschmidtiana* (Bess.)

别名：白万年蒿。

地理分布：分布于黑龙江、吉林、辽宁、内蒙古、河北、宁夏、陕西等省区，生于低海拔地区的山坡、路旁等。宁夏全区普遍分布。

植物形态：半灌木状草本，高50 ~ 100厘米。根稍粗大，木质，垂直；根状茎粗壮，常有多数、木质、直立或斜上长的营养枝。茎多数，常组成小丛，褐色或灰褐色，具纵棱，分枝多而长。叶两面密被灰白色或淡灰黄色短柔毛；叶长卵形、三角状卵形或长椭圆状卵形，二至三回栉齿状羽状全裂，裂片椭圆形或长椭圆形，每裂片再次羽状全裂，小裂片栉齿状披针形或线状披针形，每侧具数枚细小三角形的栉齿或小裂片短小成栉齿状。头状花序近球形，下垂，在分枝上排成穗状花序式的总状花序，在茎上组成密集或略开展的圆锥花序；总苞片披针形或长椭圆形，初时密被灰白色短柔毛，后脱落无毛，中肋绿色，边缘近膜质或膜质；雌花花冠狭管状或狭圆锥状，外面微有小腺点，檐部具2 ~ 3裂齿，花柱线形，先端2叉；两性花花冠管状，外面有微小腺点，花药椭圆状披针形，上端附属物尖，花柱先端2叉，有短睫毛。瘦果狭椭圆状卵形或狭圆锥形。花期7 ~ 8月，果期8 ~ 10月。

花期：7 ~ 8月。

致敏性：花粉致敏，致敏性强。挥发性混合物致敏。

花粉特征：花粉量大。光学显微镜下花粉粒球形或近球形，大小约24 ~ 26微米，具3孔沟，孔呈圆形，外壁厚，近沟处外壁逐渐变薄，表面具颗粒状纹饰，轮廓线呈微波浪状。

挥发性混合物特征：植株全株有香气，挥发性成分中主要含有萸类、倍半萜内酯等。

猪毛蒿 *Artemisia scoparia* Waldst. et Kit.

地理分布： 分布遍及我国各地区，生于中或低海拔的山坡、旷野、林缘、路旁、草原、荒漠边缘等地。宁夏全区普遍分布。

植物形态： 多年生草本，高40 ~ 90厘米，植株有浓烈的香气。主根单一，狭纺锤形、垂直，根状茎粗短，直立，常有细的营养枝，枝上密生叶。茎通常单生，红褐色或褐色，有纵纹；茎、枝幼时被灰白色或灰黄色绢质柔毛，以后脱落。叶片近圆形、长卵形或椭圆形，二至三回羽状全裂，每侧裂片再次羽状全裂，小裂片狭线形。头状花序近球形，极多数，在分枝上偏向外侧生长，并排成复总状或复穗状花序，在茎上再组成大型开展的圆锥花序；总苞片草质，卵形，背面绿色，无毛，边缘膜质或半膜质；花序托小，凸起；雌花花冠狭圆锥状或狭管状，冠檐具裂齿，花柱线形，先端2叉；两性花不孕育，花冠管状，花药线形，先端附属物尖，花柱短，先端膨大，退化子房不明显。瘦果倒卵形或长圆形，褐色。花期7 ~ 8月，果期8 ~ 10月。

花期： 7 ~ 8月。

致敏性： 花粉致敏，致敏性强。挥发性混合物致敏。

花粉特征： 花粉量大。光学显微镜下花粉粒球形或近球形，大小为20 ~ 22微米，具3孔沟，孔横长，边缘不整齐，外壁厚，近沟处逐渐变薄，表面具颗粒状纹饰，轮廓线呈微波浪状。

挥发性混合物特征： 植株全株有香气，挥发性成分中主要含有桉树脑、崖柏酮、α－松油烯、α－蒎烯、莰烯、β－水芹烯、1－辛烯－3－醇、莕烯等。

大籽蒿 *Artemisia sieversiana* Ehrhart ex Willd.

地理分布： 分布遍及我国各省区有分布，多生于路旁、荒地、河漫滩、草原、森林草原、山坡或林缘等地。宁夏全区普遍分布。

植物形态： 一至二年生草本，高50 ～ 150厘米，植株具香气。主根单一，垂直，狭纺锤形。茎单生，直立，细，纵棱明显，分枝多；茎、枝被灰白色微柔毛。叶宽卵形或宽卵圆形，两面被微柔毛，二至三回羽状全裂，每侧裂片常再成不规则的羽状全裂或深裂，小裂片线形或线状披针形。头状花序大，多数，半球形或近球形，在分枝上排成总状花序或复总状花序，在茎上组成开展或略狭窄的圆锥花序；总苞片长卵形或椭圆形，背面被灰白色微柔毛或近无毛，中肋绿色，边缘膜质；雌花花冠狭圆锥状，檐部具裂齿，花柱线形，先端2叉；两性花多层，花冠管状，花药披针形或线状披针形，上端附属物尖，花柱先端叉开，有睫毛。瘦果长圆形。花期7 ~ 8月，果期8 ~ 10月。

习性特征：大籽蒿因生长在不同生态环境中产生体态变异，甚至在同一小区域里也常出现其变异，其植株大小，叶形状，头状花序大小，排列方式等变异大。

花期：7 ~ 8月。

致敏性：花粉致敏，致敏性强。挥发性混合物致敏。

花粉特征：花粉量大。光学显微镜下花粉粒球形或近球形，大小约23 ~ 25微米，具3孔沟，孔横长，边缘不整齐，外壁厚，近沟处外壁突然变薄，外壁表面具细颗粒状纹饰，轮廓线呈微刺状突起。

挥发性混合物特征：植株全株有香气，挥发性成分中主要含有蒎烯、莰烯、桧烯、香叶烯、α－水芹烯、α－萜烯、α－萜醇、1，8–桉叶油素、萜烯、α－葑烯、芳樟醇、樟脑、丁酸苄酯、β－榄香烯、顺－丁香烯、β－金合欢烯、反－丁香烯、牦牛儿醇丙酸酯等。

圆头蒿 *Artemisia sphaerocephala* Krasch.

地理分布：主要分布于内蒙古、山西、陕西、宁夏、甘肃、青海及新疆等省区，生长在1000 ~ 2850米的荒漠地区的流动、半流动或固定沙丘上，也见生于干旱的荒坡上。宁夏全区普遍分布。

植物形态：小灌木，高80 ~ 150厘米。主根粗长，木质，垂直，侧根多，水平伸展或斜向下；根状茎粗大，有营养枝。茎通常多枚，成丛，灰黄色或灰白色，光滑，纵棱细，分枝多而长。叶稍厚，半肉质，黄绿色，初时两面密被灰白色短柔毛，后脱落无毛；短枝上叶常密集着生成簇生状；叶宽卵形或卵形，一至二回羽状全裂，每侧裂片常再全裂，小裂片线形或稍弧曲近镰形，边缘明显反卷。头状花序球形或近球形，下垂，在分枝的小枝上排成穗状花序式的总状花序或复总状花序，在茎上组成大型开展的圆锥花序；总苞片卵状披针形，半革质，背面淡黄色，光滑，有绿色中肋，边缘宽膜质或半膜质；雌花花冠狭管状，檐部具裂齿，花柱先端2叉；两性花不孕育，花冠管状，外面具腺点，花药线形，先端附属物尖，花柱短，先端膨大，2裂，退化子房小。瘦果小，黑色，果壁上具胶质物。花期7 ~ 8月，果期8 ~ 10月。

习性特征：浅根性植物，主根不发达，而侧根非常发达。茎、枝萌芽力强，被沙埋后仍可抽新枝。抗风蚀、抗干旱、耐贫瘠、抗寒、耐沙埋及固沙性能好，果壁外含胶质物，遇水膨胀胶结与固定沙粒。为荒漠及沙荒地区良好的固沙植物之一。

花期： 7 ~ 8月。

致敏性： 花粉致敏，致敏性强。

花粉特征： 花粉量大。光学显微镜下花粉粒球形或近球形，大小约23 ~ 25微米，极面观为三裂圆形，具3孔沟，孔横长，边缘不整齐，外壁厚，近沟处外壁突然变薄，外壁表面具细颗粒状纹饰，轮廓线呈微刺状突起。

裂叶蒿 *Artemisia tanacetifolia* L.

地理分布： 分布于黑龙江、吉林、辽宁、内蒙古、河北、山西、陕西、宁夏、甘肃等省区，多生于中或低海拔的森林草原、草原、草甸、林缘或疏林中以及盐土性草原、草坡及灌丛等处。宁夏全区普遍分布。

植物形态： 多年生草，高50 ~ 70厘米本。主根细；根状茎稍粗，茎少数或单生，草质，具纵棱，茎上部与分枝通常被平贴的短柔毛。叶质薄，椭圆状长圆形或长卵形，二至三回栉齿状的羽状分裂，裂片椭圆形或椭圆状长圆形，叶片上端裂片斜向叶先端，中部裂片与中轴成直角叉开，基部裂片斜向叶柄，每裂片常再次羽状深裂，小裂片短小，椭圆状披针形或为线状披针形的栉齿，边缘小锯齿。头状花序球形或半球形，下垂，在分枝上排成密集或稍疏松的穗状花序，在茎上组成略狭窄的扫帚形的圆锥花序；总苞狭卵形或椭圆状卵形，淡绿色，边缘膜质或近膜质；花序托半球形，凸起；雌花花冠狭管状，背面有腺点，檐部具裂齿，花柱先端2叉；两性花花冠管状，背面有腺点，花药披针形，花柱先端2叉，有睫毛。瘦果椭圆状倒卵形，有纵纹，暗褐色。花期7 ~ 8月，果期8 ~ 10月。

习性特征：典型的根蘖性中生植物，适宜生长的土壤为典型棕色针叶林土、山地灰褐土、山地草甸上或黑钙土、草甸化栗钙土、暗栗钙土、微盐渍化草甸土等。

花期：7 ~ 8月。

致敏性：花粉致敏，致敏性强。

花粉特征：花粉量大。光学显微镜下花粉粒球形或近球形，大小为24 ~ 25微米，具3孔沟，外壁具明显的两层结构，外层比内层厚，表面具小刺状突起。

辽东蒿 *Artemisia verbenacea*（Kom.）Kitag.

地理分布： 分布于黑龙江、吉林、辽宁、内蒙古（南部）、河北、山西、陕西、宁夏、甘肃、青海及四川等省区，多生于山坡、路旁及河湖岸边等地。宁夏全区普遍分布。

植物形态： 多年生草本，高30 ~ 70厘米。主根稍明显，侧根多；根状茎短，具匍茎，常有营养枝。茎少数，成丛或单生，紫红色或深褐色，具细纵棱；茎、枝初时被灰白色蛛丝状短绒毛，后渐稀疏或近无毛。叶纸质，上面初时被灰白色蛛丝状短绒毛及稀疏的白色腺点，后脱落，近无毛，背面密被灰白色蛛丝状绵毛；茎下部叶卵圆形、近圆形或宽卵形，一至二回羽状深裂，裂片先端具浅裂齿，每裂片再羽状全裂或深裂，小裂片长椭圆形、椭圆状披针形。头状花序长圆形或长卵圆形，在茎上端短的分枝上排成穗状花序，初时密集，后渐疏离，在茎上常组成疏离、略开展或狭窄的圆锥花序；总苞片卵形或长卵形，背面密被灰白色蛛丝状绵毛，边膜质；雌花花冠狭管状，檐部具裂齿，紫色，花柱长，先端2叉；两性花花冠管状，檐部紫色，花药线形，先端附属物尖，花柱先端2叉，具睫毛。瘦果长圆形或倒卵状椭圆形。花期7 ~ 8月，果期8 ~ 10月。

花期： 7 ~ 8月。

致敏性： 花粉致敏，致敏性强。

花粉特征： 花粉量大。光学显微镜下花粉粒球形或近球形，大小为

24 ~ 25微米，极面观为三裂圆形，赤道面观为圆形或椭圆形，具3孔沟，外壁具明显的两层结构，外层比内层厚，表面具小刺状突起。

毛莲蒿 *Artemisia vestita* Wall. ex Bess.

地理分布：分布于甘肃、青海、新疆、湖北、广西、四川、贵州、云南及西藏等省区，多见于中或低海拔的山坡、草地、灌丛、林缘等处。宁夏全区普遍分布。

植物形态：半灌木状草本或为小灌木状，高50 ~ 120厘米，植株有浓烈的香气。根木质，稍粗，侧根多；根状茎粗短，常有营养枝。茎直立，多数，丛生，分枝多而长；茎、枝紫红色或红褐色，被蛛丝状微柔毛。叶面绿色或灰绿色，有小凹穴，两面被灰白色密绒毛或上面毛略少，背面毛密；叶卵形、椭圆状卵形或近圆形，二至三回栉齿状的羽状全裂或深裂，裂片长椭圆形、披针形或楔形，小裂片小，边缘常具数枚栉齿状的深裂齿。头状花序多数，球形或半球形，下垂，在茎的分枝上排成总状花序、复总状花序或近似于穗状花序，常在茎上组成开展或略为开展的圆锥花序；总苞片卵状披针形或长卵形，背面被灰白色短柔毛，中肋明显，绿色，边缘膜质；花序托小，凸起；雌花花冠狭管状，檐部具裂齿，花柱先端2叉；两性花花冠管状，花药线形，上端附属物尖，花柱先端2叉。瘦果长圆形或倒卵状椭圆形。花期7 ~ 8月，果期8 ~ 10月。

花期： 7 ~ 8月。

致敏性： 花粉致敏，致敏性强。挥发性混合物致敏。

花粉特征： 花粉量大。光学显微镜下花粉粒球形或近球形，大小为24 ~ 25微米，具3孔沟，外壁具明显的两层结构，外层比内层厚，表面具小刺状突起。

挥发性混合物特征： 植株全株有香气，挥发性成分中主要含有莰烯、β —松油烯、β —蒎烯、1，8-桉叶素、莰酮、龙脑、β —侧柏酮、醋酸冰片酯、小茴香酮、α —荜澄茄油烯、反丁香烯和 γ —杜松烯等。

内蒙古旱蒿 *Artemisia xerophytica* Krasch.

地理分布：分布在内蒙古中西部、宁夏北部边缘、甘肃西北部、最西分布点止于甘肃马鬃山，生于海拔1700 ~ 3500米的半荒漠草原、半固定沙丘及戈壁上。宁夏北部边缘地区分布。

植物形态：小灌木状，高30 ~ 40厘米。主根粗大，垂直，木质，伸长，侧根多；根状茎粗短，有多数营养枝。茎多数，丛生，棕黄色或褐黄色，纵棱明显；上部分枝多，枝细长，初时密被绒毛，后稍稀疏。叶小，半肉质，干时质硬，两面被灰黄色或淡灰黄色略带绢质短绒毛；叶卵圆形或近圆形，二回羽状全裂，裂片狭楔形，常再全裂，小裂片狭匙形、倒披针形或线状倒披针形。头状花序近球形，在分枝端排成松散开展的总状花序或为穗状花序状的总状花序，在茎上组成中等开展的圆锥花序；总苞片狭卵形，背面被灰黄色短柔毛，中间具绿色中肋，边狭膜质或半膜质；雌花花冠近狭圆锥状，檐部具裂齿，外面被短柔毛，花柱线形；两性花花冠管状，檐部外面被短柔毛，花药线形，花柱先端2叉，有睫毛。瘦果倒卵

碱地肤 *Kochia scoparia* (Linn.) Schrad. var. *sieversiana* (Pall.) Ulbr. ex Aschers. et Graebn.

地理分布：广泛分布于我国各省区，生于田边、荒地、沟渠、盐碱地、田边、路边及村庄附近。宁夏全区普遍分布。

植物形态：一年生草本，高50 ~ 100厘米。茎直立，多分枝，枝斜生，黄绿色或稍带浅红色，生短柔毛。叶互生，倒披针形、披针形或条状披针形，全缘。花两性或雌性，通常单生或2个生于叶腋，集成稀疏的穗状花序，花基部有较密的束生锈色柔毛或白色柔毛，花被片5，基部合生，果期自背部生三角状横突起或翅，雄蕊5，花柱极短，柱头2，线形。胞果扁球形，包于花被内。种子卵形，黑褐色。花期7 ~ 9月，果期8 ~ 10月。

习性特征：耐盐碱的旱生、中旱生植物，多见于草原带的盐碱草原、荒漠草原地带。

花期：7 ~ 9月。

致敏性：花粉致敏，致敏性强。

花粉特征：花粉量中等，花粉飘散时间长。光学显微镜下花粉粒球形或近球形，轮廓呈波浪形，直径约28微米，具散孔，孔圆形或近圆形，分布均匀，具孔膜，膜上有颗粒状纹饰，外壁两层，外层厚于内层，外层具明显的基柱，形成颗粒状纹饰。

木地肤 *Kochia prostrata*(L.)C. Schrad.

地理分布：广泛分布于黑龙江、辽宁、内蒙古、河北、山西、陕西、宁夏、甘肃西部、新疆和西藏等省区。生于山坡、山沟、沙地、荒漠等处。宁夏全区普遍分布，中卫、青铜峡、同心等地多见。

植物形态：半灌木，高20 ~ 80厘米。木质茎通常低矮，有分枝，黄褐色或带黑褐色，当年枝淡黄褐色或淡红色，有微条棱。叶互生，稍扁平，条形，常数片集聚于腋生短枝而呈簇生状，两面有稀疏的绢状毛。花两性兼有雌性，通常2 ~ 3个团集叶腋，于当年枝的上部或分枝上集成穗状花序；花被球形，有密绢状毛，花被裂片卵形或矩圆形，翅状附属物扇形或倒卵形，膜质，具紫红色或黑褐色脉，边缘有不整齐的圆锯齿或为啮蚀状；花丝丝状，柱头2，丝状，紫褐色。胞果扁球形，果皮厚膜质，灰褐色。种子近圆形，黑褐色，花期7 ~ 9月，果期8 ~ 10月。

习性特征：抗旱耐寒，适应范围广，具有较强的适应干旱生境条件的能力。

花期：7 ~ 9月。

致敏性：花粉致敏，致敏性强。

花粉特征：花粉量中等，花粉飘散时间长。光学显微镜下花粉粒球形或近球形，轮廓呈波浪形，直径约28微米，具散孔，孔圆形或近圆形，分布均匀，具孔膜，膜上有颗粒状纹饰，外壁两层，外层厚于内层，外层具明显的基柱，形成颗粒状纹饰。

黑翅地肤 *Kochia melanoptera* Bge.

地理分布：分布于新疆、青海北部、甘肃西部等地区，生于山坡、沟岸、山沟、沙地、荒漠等处。宁夏全区普遍分布，银川、中卫、盐池、灵武、石嘴山等地多见。

植物形态：一年生草本，高5 ~ 25厘米。茎直立，多分枝，有条棱及不明显的色条；枝斜上，有柔毛。叶圆柱状或近棍棒状，蓝绿色，有短柔毛，先端急尖或钝，基部渐狭，有短柄。花两性，通常1 ~ 3个团集生于叶腋；花被近球形，带绿色，有短柔毛，雄蕊5,花药矩圆形，花丝稍伸出花被外，柱头2,淡黄色，花柱短。胞果具厚膜质果皮。种子卵形，胚乳粉质，白色。花期7 ~ 9月，果期8 ~ 10月。

花期：7 ~ 9月。

致敏性：花粉致敏，致敏性强。

花粉特征：花粉量中等，花粉飘散时间长。光学显微镜下花粉粒球形或近球形，轮廓呈波浪形，直径约28微米，具散孔，孔圆形或近圆形，分布均匀，具孔膜，膜上有颗粒状纹饰，外壁两层，外层厚于内层，外层具明显的基柱，形成颗粒状纹饰。

2. 藜属 *Chenopodium* L.

藜 *Chenopodium album* L.

别名： 落藜、胭脂菜、灰藜、灰蓼头草、灰菜、灰条、灰条菜。

地理分布： 广泛分布于我国各省区，多生于荒地、田间、盐碱地、路旁。宁夏全区普遍分布。

植物形态： 一年生草本，高30 ~ 150厘米，全草黄绿色。茎直立，粗壮，具条棱，多分枝，枝条斜生或开展。叶片菱状卵形至宽披针形，叶上表面黄绿色，下表面灰黄绿色，被粉粒，边缘具不整齐锯齿。花两性，花簇于枝上部排列成或大或小的穗状圆锥状或圆锥状花序，花被裂片宽卵形至椭圆形，背面具纵隆脊，有粉，边缘膜质，雄蕊5，花药伸出花被，柱头2。果皮与种子贴生。种子横生，双凸镜状，边缘钝，黑色，有光泽，表面具浅沟纹；胚环形。花期7 ~ 9月，果期8 ~ 10月。

习性特征： 恶性杂草。对小麦、棉花、豆类、蔬菜、花生、玉米等农作物及果园危害重。是棉铃虫、地老虎等害虫的中间寄主。

花期： 7 ~ 9月。

致敏性： 花粉致敏，致敏性强。光敏物质致敏。

花粉特征： 花粉量中等。光学显微镜下花粉粒球形，直径20 ~ 30微米，聚散孔，孔圆形或近圆形，分布均匀，具孔膜，膜上有颗粒，外壁两层，外壁厚于内层，外层具明显的基柱，表面呈颗粒状纹饰。

光敏物质特征： 全株含有卟啉及其衍生物类物质，人食用后在日光或紫外线照射下会产生日光性过敏性皮炎，裸露皮肤部分会出现刺痒、肿胀及麻木感等皮炎、皮癣等症状。

东亚市藜 *Chenopodium urbicum* subsp. *sinicum* H. W. Kung et G. L.

地理分布：广泛分布于东北、华北和内蒙古、山东、陕西、新疆等地区，生于路边、田间、盐碱荒地等处。宁夏全区普遍分布，多见于引黄灌区。

植物形态：一年生草本，高20 ~ 100厘米，全株无粉。茎直立，较粗壮。叶片菱形至菱状卵形，近基部的1对锯齿较大呈裂片状，边缘具不整齐锯齿。花序以顶生穗状圆锥花序为主，花簇由多数花密集而成；花被裂片3 ~ 5，狭倒卵形，花药矩圆形，花丝稍短于花被。胞果双凸镜形，果皮黑褐色。种子横生、斜生及直立，红褐色至黑色。花期7 ~ 9月，果期8 ~ 10月。

生长习性：喜盐碱、耐高湿，是适生于温带和暖温带气候条件下、盐土和盐碱土低洼湿润区的草种。

花期：7 ~ 9月。

致敏性：花粉致敏，致敏性强。

花粉特征：花粉量中等。光学显微镜下花粉粒球形，直径20 ~ 30微米，聚散孔，孔圆形或近圆形，分布均匀，具孔膜，外壁外层厚于内层，表面形成颗粒状纹饰。

尖头叶藜 *Chenopodium acuminatum* Willd.

别名：绿珠藜。

地理分布：广泛分布于黑龙江、吉林、辽宁、内蒙古、河北、山东、浙江、河南、山西、陕西、甘肃、青海、新疆等省区，生于山坡、林缘、草地、路边、荒地、河岸、田边等处。宁夏全区普遍分布，多见于贺兰山、灵武等地。

植物形态：一年生草本，高20 ~ 80厘米。茎直立，具条棱及绿色色条，有时色条带紫红色，多分枝；枝斜生，较细瘦。叶片宽卵形至卵形，先端急尖或短渐尖，有短一尖头，上面无粉，浅绿色，下面多少有粉，灰白色，全缘并具半透明的环边。花两性，团伞花序于枝上部排列成紧密的或有间断的穗状或穗状圆锥状花序，花序轴（或仅在花间）具圆柱状毛束.花被扁球形，5深裂，裂片宽卵形，边缘膜质，并有红色或黄色粉粒。胞果顶基扁，圆形或卵形。种子横生，黑色，有光泽，表面略具点纹。花期7 ~ 9月，果期8 ~ 9月。

花期：7 ~ 9月。

致敏性：花粉致敏，致敏性强。

花粉特征：花粉量中等。光学显微镜下花粉粒球形，直径20 ~ 30微米，聚散孔，孔圆形或近圆形，分布均匀，具孔膜，外壁外层厚于内层，表面形成颗粒状纹饰。

红叶藜 *Chenopodium rubrum* L.

地理分布：分布于甘肃、陕西、内蒙古等省区，生于山坡、林缘、路边及轻度盐碱荒地等处。宁夏全区普遍分布，多见于贺兰山、灵武等地。

植物形态：一年生草本，高30 ~ 80厘米。茎直立或斜升，平滑，淡绿色或带红色，通常上部有长2 ~ 8厘米的分枝。叶片卵形至菱状卵形，肉质，两面均为浅绿色或有时带红色，下面稍有粉，边缘锯齿状浅裂，裂齿3 ~ 5对，三角形，不等大，通常稍向上弯，先端微钝。花两性兼有雌性，于分枝上排列成穗状圆锥花序。花被裂片3 ~ 4，倒卵形，绿色，腹面凹，背面中央稍肥厚，无粉或稍有粉，柱头2，极短。果皮膜质，带白色，不与种子贴生，种子稍扁，球形或宽卵形,直立、斜生及横生，红黑色至黑色，边缘钝，表面具明显的矩圆形点纹。花期7 ~ 9月，果期8 ~ 10月。

花期：7 ~ 9月。

致敏性：花粉致敏，致敏性强。

花粉特征：花粉量中等。光学显微镜下花粉粒球形，直径20 ~ 30微米，聚散孔，孔圆形或近圆形，分布均匀，具孔膜，外壁外层厚于内层，表面形成颗粒状纹饰。

小白藜 *Chenopodium iljinii* Golosk.

地理分布：广泛分布于内蒙古、四川及西北等地区，生于山坡、林缘、草地、路边、荒地、田边等处。宁夏全区普遍分布，多见于麻黄山、南华山等地。

植物形态：一年生草本，高10 ~ 30厘米，全株有粉。茎通常平卧或斜升，多分枝，有时自基部分枝而无主茎。叶片卵形至卵状三角形，两面均有密粉，呈灰绿色，先端急尖或微钝，全缘或三浅裂。花簇于枝端及叶腋的小枝上集成短穗状花序，花被裂片5，倒卵状条形至矩圆形，背面有密粉，花药宽椭圆形，花丝稍短于花被，丝状柱头2，花柱不明显。胞果顶基扁。种子双凸镜形，横生，黑色，有光泽，表面近平滑或微有沟纹。花期7 ~ 9月，果期8 ~ 10月。

花期：7 ~ 9月。

致敏性：花粉致敏，致敏性强。

花粉特征：花粉量中等。光学显微镜下花粉粒球形，直径20 ~ 30微米，聚散孔，孔圆形或近圆形，分布均匀，具孔膜，外壁外层厚于内层，表面形成颗粒状纹饰。

杂配藜 *Chenopodium hybridum* L.

别名： 大叶藜、血见愁。

地理分布： 原产欧洲及西亚，广泛分布于北半球温带，我国黑龙江、吉林、辽宁、内蒙古、河北、北京、山东、浙江、陕西、山西、宁夏、甘肃、湖北、四川、重庆、云南、青海、西藏、新疆等省区均有分布。宁夏全区普遍分布。

植物形态： 一年生草本，高40 ~ 120厘米。淡黄色或紫色条棱。叶宽卵形至卵状三角形，两面均呈亮绿色，基部圆形、截形或略呈心形，边缘掌状浅裂，轮廓略呈五角形，上部叶较小，多呈三角状戟形。花两性兼有雌性，排成圆锥状花序，花被裂片5，雄蕊5。胞果双凸镜状。种子黑色，表面具明显的圆形深洼或呈凹凸不平。花期7 ~ 9月，果期8 ~ 9月。

生长习性： 恶性杂草。对环境条件耐受范围广，在阳光充足和灌溉良好的土壤上生长旺盛。干旱和荫蔽条件下，种子可保持休眠状态。

花期： 7 ~ 9月。

致敏性： 花粉致敏，致敏性强。

花粉特征： 花粉量中等。光学显微镜下花粉粒球形，直径20 ~ 30微米，具散孔，孔圆形或近圆形，分布均匀，具孔膜，膜上有颗粒，外壁两层，外壁厚于内层，外层具明显的基柱，表面呈颗粒状纹饰。

参考文献

[1] 马德滋，刘惠兰，胡福秀 主编.宁夏植物志[M]. 银川：宁夏人民出版社，2007.

[2] 李小伟，黄文广，窦建德 主编. 宁夏植物图鉴[M]. 北京：科学技术出版社，2021.

[3] 宁夏植物志名录. http：//www.cfh.ac.cn/BioBook/ningxia/1/home.html.

[4] 黄璐琦，李小伟 主编. 贺兰山植物资源图志[M].福州：福建科学技术出版社，2017.

[5] 中国植物志. http：//www.iplant.cn/frps.

[6] 中国植物物种名录2021版. https：//www.cvh.ac.cn/.

[7] Flora of China. http：//flora.huh.harvard.edu/china/.

[8] 叶世泰，张金谈，乔秉善 等主编. 中国气传和致敏花粉[M].北京：科学出版社，1988.

[9] 中国气传致敏花粉调查领导小组. 中国气传致敏花粉调查[M].北京：北京出版社，1991.

[10] 乔秉善主编. 中国气传花粉和植物彩色图谱[M].北京：中国协和医科大学出版社，2005.

[11] 王学艳，张罗主编. 中国北方植物花粉调查[M].北京：北京科学技术出版社，2018.

[12] 王成，金佳莉，孙睿霖 等.城市植源性污染及其防治[M].北京：中国林业出版社，2020.

[13] 张金谈.中国松科花粉形态研究[J].植物研究，1989（03）：87–95+97–98.

[14] 孙爱芝，马玉贞，黄昌庆 等.松科花粉鉴定要点及其生态环境特征研究[J].兰州大学学报，2006（05）：18–21.

[15]张金谈.中国松科花粉形态研究[J].植物研究，1989（03）：87–95+97–98.

[16]孙爱芝，马玉贞，黄昌庆 等.松科花粉鉴定要点及其生态环境特征研

究[J].兰州大学学报，2006（05）：18–21.

[17]王伏雄，钱南芬，张金谈.花粉形态的研究Ⅱ.松科及落羽杉科的花粉[J].Journal of Integrative Plant Biology，1955（01）：47–62.

[18]贾红娟.中国北方孢粉形态查询数据库的构建及杨树、柏树花粉研究[D].河北师范大学，2007.

[19]董建华.白皮松挥发物释放规律及其对小白鼠自发行为的影响[D].中国林业科学研究院，2011.

[20]王蕴秋，张文仲，刘捷平.刺柏属和圆柏属分类学的探讨——有关精油成分和花粉形态的分析[J].北京师范学院学报（自然科学版），1991（04）：40–46.

[21]姚慧娟，王宏宇，李平 等.GC–MS法对侧柏叶中挥发性成分的分析[J].广西林业科学，2018，47（03）：354–357.

[22]陈梦，杨昌友.杨属树种花粉形态的研究[J].八一农学院学报，1985（03）：61–68.

[23]王茂华.浅谈杨絮与杨树雄株花粉污染，建议苏北营造混交林[J].农民致富之友，2016（16）：114.

[24]苏雪辉，李喜林，薛毅 等.杨树致敏因素—花粉与飞絮量的研究[J].林业科技通讯，2016（02）：6–10.

[25]王镜泉.甘肃杨柳科花粉形态研究[J].Journal of Integrative Plant Biology，1985（06）：594–598+675–676.

[26]任伟超，徐姣，孙伟 等.12种柳属植物花粉显微鉴定研究[J].江苏农业科学，2021，49（12）：85–89.

[27]张军丽.中国东北柳属花粉形态及其系统学研究[J].植物研究，1988（04）：133–151.

[28]鲁琳，康木生.中国榆科花粉形态及其在分类上的意义[J].北京林业大学学报，1991（04）：26–31+134–135.

[29]陈仁芳.桑属系统学研究[D].华中农业大学，2010.

[30]王盼盼，吐尔逊古丽·托乎提，黄俊华.新疆胡颓子属三种植物的花

粉形态及其分类学意义[J].广西植物，2016，36（06）：663–673.

[31]马晓丽，韩榕.牛奶子花粉形态特征与生活力测定[J].植物研究，2010，30（01）：8–11.

[32]王萍莉.中国壳斗科花粉形态及超微结构研究.四川省，中国科学院成都生物研究所，2000–01–01.

[33]曹明，周浙昆.中国栎属植物花粉形态及其系统学意义[J].广西植物，2002（01）：14–18+99–103.

[34]陈之端.桦木科植物的花粉形态研究[J].植物分类学报，1991，29（6）.

[35]刘果厚.内蒙古桦木属花粉形态的研究[J].内蒙古大学学报（自然科学版），1989（03）：383–389+422–425.

[36]赵先贵，肖玲，毛富春.槭树科花粉形态的研究[J].西北植物学报，1998（02）：101–104.

[37]田欣，金巧军，李德铢 等.槭树科花粉形态及其系统学意义[J].云南植物研究，2001（04）：457–465+540–543+144545.

[38]王永周，古松，江莎.臭椿花粉生活力的测定方法及对比实验[J].内蒙古农业大学学报（自然科学版），2008（01）：88–92.

[39]张元明.中国柽柳科植物花粉形态特征聚类分析[J].西北植物学报，2004（09）：1702–1707.

[40]张元明，潘伯荣，尹林克.中国柽柳科（Tamaricaceae）花粉形态研究及其分类意义的探讨[J].西北植物学报，2001（05）：857–864+1061–1063.

[41]席以珍.中国柽柳科植物花粉形态的研究[J].植物研究，1988（03）：23–42.

[42]赵曼容，贾恢先.西北区柽柳的花粉形态研究[J].甘肃农大学报，1979（01）：20–26.

[43]张金谈.中国木樨科花粉形态研究[J].Journal of Integrative Plant Biology，1982（06）：499–505+609–610.

[44]回瑞华，侯冬岩，李铁纯 等.紫丁香花与花蕾挥发性化学成分的HS–

SPME–GC–MS分析[J].鞍山师范学院学报，2020，22（06）：26–28.

[45]李升，郭楚君，张燕 等.气相色谱–质谱技术分析中药丁香挥发油成分[J].黑龙江医药科学，2016，39（04）：8–9.

[46]于陶钧，王立波，吴立军.丁香属植物化学成分及药理作用研究进展[J].安徽农业科学，2016，44（02）：168–170.

[47]孔令瑶，张克勤，薛晓丽.暴马丁香花挥发油成分的GC–MS分析[J].中国现代应用药学，2015，32（05）：585–588.

[48]毛霞，李晓春，刘晶晶 等.胡桃科6个树种花粉形态的扫描电镜观察[J].植物资源与环境学报，2016，25（04）：104–106.

[49]宁万军，廖康，王国安 等.新疆主栽核桃品种花粉量及花粉形态研究[J].新疆农业科学，2014，51（02）：220–226.

[50]马松涛. 中国火炬树研究现状及发展趋势[D]. 西北农林科技大学，2005.

[51]曹剑波，秦利鸿，吴华 等. 悬铃木成熟球果及果毛的形态学观察[J].华中农业大学学报，2008（02）：313–316.

[52]毛礼米，杨小丽.禾本科针茅族（Stipeae）7种花粉形态比较研究[J].微体古生物学报，2011，28（02）：169–180.

[53]黄勇，刘庆代，桑青 等.山东车前属（Plantago）花粉形态的研究及其分类学意义[J].聊城师院学报（自然科学版），1995（03）：62–66.

[54]蒋林，林有润.中国蒿属植物比较形态和解剖学研究Ⅱ花粉形态[J].热带亚热带植物学报，1996（03）：1–14+83–86.

[55]孙京田，徐砚田.山东蒿属花粉形态研究及其在分类上的意义[J].山东师大学报（自然科学版），1997（02）：67–71.

[56]王铁娟，张颖娟.六种沙蒿花粉形态的比较研究[J].内蒙古师范大学学报（自然科学汉文版），2006（01）：83–88.

[57]山宝琴，贺学礼，陈彦生.黄土高原蒿属植物花粉形态研究[J].西北植物学报，2007（07）：1373–1379.

[58]蔡萍，黄旌，伊卫东 等.内蒙古不同生境冷蒿居群叶片解剖形态及花

续表

科	树种名称	拉丁名	过敏原	致敏特征	
				致敏性	释放量
杨柳科	山柳	*Salix phylicifolia* L.	花粉/飞絮	★★	☆☆☆
	五蕊柳	*Salix pentandra* L.	花粉/飞絮	★★	☆☆☆
	丝毛柳	*Salix luctuosa* Levl.	花粉/飞絮	★★	☆☆☆
	北沙柳	*Salix psammophila* C. Wang et Ch. Y. Yang	花粉/飞絮	★★	☆☆☆
	齿叶黄花柳	*Salix sinica* var. dentata C.Wang et C.F.Fang	花粉/飞絮	★★	☆☆☆
	线叶柳	*Salix wilhelmsiana* Bieb.	花粉/飞絮	★★	☆☆☆
	皂柳	*Salix wallichiana* Anderss.	花粉/飞絮	★★	☆☆☆
	黄柳	*Salix gordejevii* Y. L. Chang et Skv.	花粉/飞絮	★★	☆☆☆
榆科	榆树	*Ulmus pumila* L.	花粉	★	☆
	春榆	*Ulmus davidiana* var. *japonica* Nakai	花粉	★	☆
	旱榆	*Ulmus glaucescens* Franch.	花粉	★	☆
桑科	桑	*Morus alba* L.	花粉	★★	☆☆
	龙桑	*Morus alba* cv. *Pendula*	花粉	★★	☆☆
	蒙桑	*Morus mongolica* (Bur.) Schneid.	花粉	★★	☆☆
胡颓子科	沙枣	*Elaeagnus angustifolia* L.	花粉	★★	☆☆
	牛奶子	*Elaeagnus umbellata* Thunb.	花粉	★★	☆☆
壳斗科	蒙古栎	*Quercus mongolica* Fisch. ex Ledeb.	花粉	★★	☆☆
桦木科	红桦	*Betula albosinensis* Burkill.	花粉	★★★	☆☆
	白桦	*Betula platyphylla* Suk.	花粉	★★★	☆☆
	糙皮桦	*Betula utilis* D. Don.	花粉	★★★	☆☆
槭树科	复叶槭	*Acer negundo* L.	花粉	★	☆
	深灰槭	*Acer caesium* Wall. ex Brandis.	花粉	★	☆
	青榨槭	*Acer davidii* Franch.	花粉	★	☆
	五尖槭	*Acer maximowiczii* Pax.	花粉	★	☆
	细裂槭	*Acer stenolobum* Rehd.	花粉	★	☆
	元宝槭	*Acer truncatum* Bunge.	花粉	★	☆
苦木科	臭椿	*Ailanthus altissima* (Mill.) Swingle.	花粉	★★	☆☆
柽柳科	柽柳	*Tamarix chinensis* Lour.	花粉	★	☆
	紫杆柽柳	*Tamarix androssowii* Litv.	花粉	★	☆
	细穗柽柳	*Tamarix leptostachys* Bunge	花粉	★	☆

续表

科	树种名称	拉丁名	过敏原	致敏特征	
				致敏性	释放量
柽柳科	刚毛柽柳	*Tamarix hispida* Willd.	花粉	★	☆
	短穗柽柳	*Tamarix laxa* Willd.	花粉	★	☆
	多枝柽柳	*Tamarix ramosissima* Ledeb.	花粉	★	☆
	甘蒙柽柳	*Tamarix austromongolica* Nakai.	花粉	★	☆
	多花柽柳	*Tamarix hohenackeri* Bunge	花粉	★	☆
木犀科	小叶女贞	*Ligustrum quihoui* Carr.	花粉	★★	☆☆
	洋白蜡	*Fraxinus americana* L.	花粉	★★★★	☆☆☆☆
	白蜡树	*Fraxinus chinensis* Roxb.	花粉	★★★★	☆☆☆☆
	水曲柳	*Fraxinus mandshurica* Rupr.	花粉	★★★	☆☆
	羽叶丁香	*Syringa pinnatifolia* Hemsley.	花粉/挥发物	★★★	☆☆☆
	华北紫丁香	*Syringa oblata* Lindl.	花粉/挥发物	★★★	☆☆☆
	北京丁香	*Syringa reticulata* subsp. *pekinensis* Rupr.	花粉/挥发物	★★★	☆☆☆
	暴马丁香	*Syringa reticulata* (Blume) Hara	花粉/挥发物	★★★★	☆☆☆☆
胡桃科	胡桃	*Juglans regia* L.	花粉	★★	☆☆
	枫杨	*Pterocarya stenoptera* C. DC.	花粉	★★	☆☆
漆树科	火炬树	*Rhus Typhina* Nutt	花粉/分泌物	★★★★	☆☆☆☆
悬铃木科	悬铃木	*Platanus acerifolia* L.	飞毛	★★★★	☆☆☆☆

备注：致敏性程度：★——弱，★★——中等，★★★——强，★★★★——极强；
释放量程度：☆——少量，☆☆——中等，☆☆☆——大量，☆☆☆☆——极大量。

2. 常见致敏性草本种类

宁夏常见的致敏性草本植物种类主要包括6科59种植物。

表4–2　常见致敏性草本种类及其致敏特征

科	树种名称	拉丁名	过敏原	致敏特征	
				致敏性	释放量
禾本科	芨芨草	*Achnatherum splendens* (Trin.) Nevski.	花粉	★★	☆
	醉马草	*Achnatherum inebrians* Keng ex Tzvelev	花粉	★★	☆
	朝阳芨芨草	*Achnatherum nakaii* (Honda) Tateoka.	花粉	★★	☆
	毛颖芨芨草	*Achnatherum pubicalyx* Keng ex P. C. Kuo	花粉	★★	☆
	羽茅	*Achnatherum sibiricum* Keng ex Tzvelev	花粉	★★	☆
	钝基草	*Achnatherum saposhnikovii* Nevski	花粉	★★	☆
	高粱	*Sorghum bicolor* (L.) Bicolor	花粉	★★	☆☆☆
车前科	车前	*Plantago asiatica* L.	花粉	★	☆
	平车前	*Plantago depressa* Willd.	花粉	★	☆
苋科	千穗谷	*Amaranthus hypochondriacus* L.	花粉	★★	☆☆
	反枝苋	*Amaranthus retroflexus* L	花粉	★★	☆☆
菊科	莳萝蒿	*Artemisia anethoides* Mattf.	花粉/挥发物	★★★	☆☆☆
	碱蒿	*Artemisia anethifolia* Web. ex Stechm.	花粉/挥发物	★★★	☆☆☆
	黄花蒿	Artemisia annua Linn	花粉/挥发物	★★★	☆☆☆
	艾	*Artemisia argyi* H. Lévl. et Van.	花粉/挥发物	★★★	☆☆☆
	白沙蒿	*Artemisia sphaerocephala* Krasch	花粉/挥发物	★★★	☆☆☆
	茵陈蒿	*Artemisia capillaris* Thunb.	花粉/挥发物	★★★	☆☆☆
	裂叶蒿	*Artemisia tanacetifolia* L.	花粉/挥发物	★★★	☆☆☆
	褐苞蒿	*Artemisia phaeolepis* Krasch.	花粉/挥发物	★★★	☆☆☆
	辽东蒿	*Artemisia verbenacea* (Kom.) Kitag.	花粉/挥发物	★★★	☆☆☆
	冷蒿	*Artemisia frigida* Willd.	花粉/挥发物	★★★	☆☆☆
	紫花冷蒿	*Artemisia frigida* var. *atropurpurea* Pamp.	花粉/挥发物	★★★	☆☆☆
	华北米蒿	*Artemisia giraldii* Pamp.	花粉/挥发物	★★★	☆☆☆
	白莲蒿	*Artemisia sacrorum* Ledeb.	花粉/挥发物	★★★	☆☆☆
	密毛白莲蒿	*Artemisia gmelinii* var. *messerschmidtiana*(Bess.)	花粉/挥发物	★★★	☆☆☆
	猪毛蒿	*Artemisia scoparia* Waldst. et Kit.	花粉/挥发物	★★★	☆☆☆
	狭裂白蒿	*Artemisia kanashiroi* Kitam.	花粉/挥发物	★★★	☆☆☆
	毛莲蒿	*Artemisia stechmanniana* Bess.	花粉/挥发物	★★★	☆☆☆

续表

科	树种名称	拉丁名	过敏原	致敏特征	
				致敏性	释放量
菊科	野艾蒿	*Artemisia lavandulifolia* Candolle	花粉/挥发物	★★★	☆☆☆
	大籽蒿	*Artemisia sieversiana* Ehrh. ex Willd.	花粉/挥发物	★★★	☆☆☆
	蒙古蒿	*Artemisia mongolica* Nakai.	花粉/挥发物	★★★	☆☆☆
	黑沙蒿	*Artemisia ordosica* Krasch.	花粉	★★★	☆☆☆
	沙蒿	*Artemisia desertorum* Spreng.	花粉	★★★	☆☆☆
	无毛牛尾蒿	*Artemisia dubia* var. *subdigitata* Ling.	花粉	★★★	☆☆☆
	南牡蒿	*Artemisia eriopoda* Bunge	花粉	★★★	☆☆☆
	山蒿	*Artemisia brachyloba* Franch.	花粉	★★★	☆☆☆
	细裂叶莲蒿	*Artemisia gmelinii* Web. ex Stechm.	花粉	★★★	☆☆☆
	盐蒿	*Artemisia halodendron* Turcz. ex Bess.	花粉	★★★	☆☆☆
	牡蒿	*Artemisia japonica* Thunb.	花粉/	★★★	☆☆☆
	宽叶蒿	*Artemisia latifolia* Ledeb.	花粉	★★★	☆☆☆
	小球花蒿	*Artemisia moorcroftiana* Wall ex Candolle	花粉	★★★	☆☆☆
	甘肃蒿	*Artemisia gansuensis* Y. Ling et Y. R. Ling	花粉	★★★	☆☆☆
	西北蒿	*Artemisia pontica* L.	花粉	★★★	☆☆☆
	柔毛蒿	*Artemisia pubescens* Ledeb.	花粉	★★★	☆☆☆
	圆头蒿	*Artemisia sphaerocephala* Krasch.	花粉	★★★	☆☆☆
	内蒙古旱蒿	*Artemisia xerophytica* Krasch.	花粉	★★★	☆☆☆
藜科	地肤	*Kochia scoparia* (L.) Schrad.	花粉	★★★	☆☆
	碱地肤	*Kochia scoparia* Schrad. var. *sieversiana* (Pall.) Ulbr. ex Asch. et Graebn.	花粉	★★★	☆☆
	木地肤	*Kochia prostrata* (L.) C. Schrad.	花粉	★★★	☆☆
	黑翅地肤	*Kochia melanoptera* Bge.	花粉	★★★	☆☆
	黎	*Chenopodium album* L.	花粉/光敏物质	★★★	☆☆
	小藜	*Chenopodium ficifolium* Smith	花粉/光敏物质	★★★	☆☆
	灰绿藜	*Chenopodium glaucum* L.	花粉	★★★	☆☆
	东亚市藜	*Chenopodium urbicum* sinicum Kung	花粉	★★★	☆☆
	尖头叶藜	*Chenopodium acuminatum* Willd.	花粉	★★★	☆☆
	红叶藜	*Chenopodium rubrum* L.	花粉	★★★	☆☆
	小白藜	*Chenopodium iljinii* Golosk.	花粉	★★★	☆☆

表 4–6　宁夏常见植物性过敏原发生物候图谱

植物名称	拉丁名	过敏原	3月			4月			5月			6月			7月			8月			9月			10月		
			上	中	下	上	中	下	上	中	下	上	中	下	上	中	下	上	中	下	上	中	下	上	中	下
圆柏	*Juniperus chinensis* L.	¤				▨	■	▥	□																	
刺柏	*Juniperus formosana* Hayata.	¤				▨	■	▥	□																	
杜松	*Juniperus rigida Sieb.* et Zucc.	¤				▨	■	▥	□																	
		彡				▨	▨	■	■	■	■	■	■	■	■	■	■	■	■	▥						
侧柏	*Platycladus orientalis* (L.) Franco.	¤				▨	■	▥	□																	
		彡				▨	▨	■	■	■	■	■	■	■	■	■	■	■	■	▥						
白皮松	*Pinus bungeana* Zucc.	¤						□	▨	■	▥	□														
		彡				▨	▨	■	■	■	■	■	■	■	■	■	■	■	■	▥						
油松	*Pinyuus tabuliformis* Carr.	¤						□	▨	■	▥	□														
华北落叶松	*Larix gmelinii principis-rupprechtii* Mayr	¤						□	▨	■	▥	□														
华山松	*Pinus armandii* Franch.	¤						□	▨	■	▥	□														
银白杨	*Populus alba* L.	¤				▨	■	▥	□																	
		ξ				▨	■	■	▥	□																
毛白杨	*Populus tomentosa* Carrière.	¤				▨	■	▥	□																	
		ξ				▨	■	■	▥	□																
新疆杨	*Populus alba* var. *pyramidalis* Bge.	¤				▨	■	▥	□																	
		ξ				▨	■	■	▥	□																

续表

植物名称	拉丁名	过敏原	3月			4月			5月			6月			7月			8月			9月			10月		
			上	中	下	上	中	下	上	中	下	上	中	下	上	中	下	上	中	下	上	中	下	上	中	下
小黑杨	*Populus* × *xiaohei* T. S. Hwang et Liang	¤				▨	■	▥	□																	
		ξ				▨	■	■	▥	□																
河北杨	*Populus* × *hopeiensis* Hu et Chow	¤				▨	■	▥	□																	
		ξ				▨	■	■	▥	□																
垂柳	*Salix babylonica* L.	¤				▨	■	■	▥	□																
		ξ					□	▨	■	▥	□															
旱柳	*Salix matsudana* Koidz.	¤				▨	■	■	▥	□																
		ξ					□	▨	■	▥	□															
榆	*Ulmus pumila* L.	¤		□	▨	■	▥																			
旱榆	*Ulmus glaucescens* Franch.	¤		□	▨	■	■	▥																		
复叶槭	*Acer negundo*	¤						▨	■	■	▥	□														
元宝槭	*Acer truncatum* Bunge.	¤						□	▨	■	▥	□														
悬铃木	*Platanus acerifolia* L.	ξ							▨	■	■	▥	□	□												
胡桃	*Juglans regia* L.	¤						▨	■	■	▥															
桑	*Morus alba* L.	¤							▨	■	▥															
沙枣	*Elaeagnus angustifolia* L.	¤							▨	■	▥															
白桦	*Betula platyphylla* Suk.	¤							▨	■	■	▥														
臭椿	*Ailanthus altissimus* (Mill.) Swingle.	¤									▨	■	■	▥												
蒙古栎	*Quercus mongolica* Fisch. ex Ledeb.	¤										▨	■	▥												

续表

植物名称	拉丁名	过敏原	3月			4月			5月			6月			7月			8月			9月			10月		
			上	中	下	上	中	下	上	中	下	上	中	下	上	中	下	上	中	下	上	中	下	上	中	下
柽柳	*Tamarix chinensis* Lour.	¤									▨	■	■	▥				▨	■	■	▥					
多枝柽柳	*Tamarix ramosissima* Ledeb.	¤									▨	■	■	▥				▨	■	■	▥					
白蜡树	*Fraxinus chinensis* Roxb.	¤						▨	■	■	▥															
洋白蜡	*Fraxinus americana* L.	¤							▨	■	▥															
水曲柳	*Fraxinus mandshurica* Rupr.	¤							▨	■	▥															
羽叶丁香	*Syringa pinnatifolia* Hemsley.	¤							▨	■	▥	□														
		〃							▨	■	▥															
华北紫丁香	*Syringa oblata* Lindl.	¤							▨	■	■	▥	□													
		〃							▨	■	■	▥														
暴马丁香	*Syringa reticulata* (Blume) Hara	¤								▨	■	■	▥													
		〃								▨	■	■	▥													
火炬树	*Rhus Typhina* Nutt	¤											▨	■	■	▥										
钝基草	*Achnatherum saposhnikovii* Nevski	¤													▨	■	■	▥								
高粱	*Sorghum bicolor* (L.) Bicolor	¤													▨	■	■	▥								
芨芨草	*Achnather3um splendens* (Trin.) Nevski.	¤													▨	■	■	▥								
羽茅	*Achnatherum sibiricum* Keng ex Tzvelev	¤													▨	■	■	▥								
醉马草	*Achnatherum inebrians* Keng ex Tzvelev	¤													▨	■	■	▥								
车前	*Plantago asiatica* L.	¤													▨	■	■	▥								
葎草	*Humulus scandens* (Lour.) Merr.	¤												□	▨	■	■	■	■	▥	□					

续表

植物名称	拉丁名	过敏原	3月			4月			5月			6月			7月			8月			9月			10月		
			上	中	下	上	中	下	上	中	下	上	中	下	上	中	下	上	中	下	上	中	下	上	中	下
千穗谷	*Amaranthus hypochondriacus* L.	¤														□	▨	■	■	▥	□					
反枝苋	*Amaranthus retroflexus* L	¤														□	▨	■	■	▥	□					
莳萝蒿	*Artemisia anethoides* Mattf.	¤														□	▨	■	■	▥	▥	□	□	□	□	□
		///															▨	■	■	▥						
艾	*Artemisia argyi* H. Lévl. et Van.	¤														□	▨	■	■	▥	▥	□	□	□	□	□
		///															▨	■	■	▥						
猪毛蒿	*Artemisia scoparia* Waldst. et Kit.	¤														□	▨	■	■	▥	▥	□	□	□	□	□
		///															▨	■	■	▥						
褐苞蒿	*Artemisia phaeolepis* Krasch.	¤														□	▨	■	■	▥	▥	□	□	□	□	□
		///															▨	■	■	▥						
冷蒿	*Artemisia frigida* Willd.	¤														□	▨	■	■	▥	▥	□	□	□	□	□
		///															▨	■	■	▥						
白莲蒿	*Artemisia stechmanniana* Bess.	¤														□	▨	■	■	▥	▥	□	□	□	□	□
		///															▨	■	■	▥						
盐蒿	*Artemisia halodendron* Turcz. ex Bess.	¤														□	▨	■	■	▥	▥	□	□	□	□	□
沙蒿	*Artemisia desertorum* Spreng.	¤														□	▨	■	■	▥	▥	□	□	□	□	□
黑沙蒿	*Artemisia ordosica* Krasch.	¤														□	▨	■	■	▥	▥	□	□	□	□	□
西北蒿	*Artemisia pontica* L.	¤														□	▨	■	■	▥	▥	□	□	□	□	□
柔毛蒿	*Artemisia pubescens* Ledeb.	¤														□	▨	■	■	▥	▥	□	□	□	□	□

续表

植物名称	拉丁名	过敏原	3月			4月			5月			6月			7月			8月			9月			10月		
			上	中	下	上	中	下	上	中	下	上	中	下	上	中	下	上	中	下	上	中	下	上	中	下
圆头蒿	*Artemisia sphaerocephala* Krasch.	¤														□	▨	■	■	■	▥	□	□	□	□	□
内蒙古旱蒿	*Artemisia xerophytica* Krasch.	¤														□	▨	■	■	■	▥	□	□	□	□	□
地肤	*Kochia scoparia* (L.) Schrad.	¤														□	▨	■	■	■	■	▥	□	□	□	□
木地肤	*Kochia prostrata* (L.) C. Schrad.	¤														□	▨	■	■	■	■	▥	□	□	□	□
黑翅地肤	*Kochia melanoptera* Bge.	¤														□	▨	■	■	■	■	▥	□	□	□	□
藜	*Chenopodium album* L.	¤Ÿ													□	□	▨	■	■	■	■	▥	□	□	□	□
灰绿藜	*Chenopodium glaucum* L.	¤Ÿ													□	□	▨	■	■	■	■	▥	□	□	□	□
东亚市藜	*Chenopodium urbicum* sinicum Kung	¤													□	□	▨	■	■	■	■	▥	□	□	□	□
杂配藜	*Chenopodium hybridum* L.	¤													□	□	▨	■	■	■	■	▥	□	□	□	□

备注：过敏原类型：¤——花粉；ξ——飞絮、飞毛；⺀——挥发性物质；Ÿ——光敏物质。
过敏原发生分级：□稀少可见；▨▨▨初期；■■■盛期；▥▥▥末期。

三、植物性过敏原的总体发生规律

植物源过敏性疾病主要是由于各类致敏性植物所释放的过敏原物质对敏感人群产生不同程度影响所诱发的各类疾病，致敏性植物所产生的过敏原种类主要包括植物在特定物候期释放的花粉、飞毛飞絮、挥发性混合物，以及植物中所含有的能够引发过敏的次生代谢产物，如光敏物质和某些小分子成分等。从植物源过敏引发的过敏性疾病种类及发生率来看，其中以花粉致敏疾病种类、影响的人群数量及其对公共健康的潜在风险所占比重最大，飞毛飞絮和挥发性物质等其他过敏原在植物源过敏中所占比例较小。各类致敏性植物所产生的植物性过敏原各有其特征与规律。

1. 致敏性花粉的发生规律与特点

花粉致敏性疾病的发生及其严重程度与当地当时空气中致敏花粉的种类与浓度直接相关，通过花粉调查分析确定致敏性花粉的种类、发生与飘散规律，是预防和治疗植物源过敏性疾病的主要途径与关键措施。致敏性花粉的发生与飘散与当地的花粉致敏性植被类型和气候因素有密切的关系，具有明显的地域性和季节性特点。

不同植物种类其花粉的生物学特性及致敏性各不相同。对于花粉致敏植物的种类及其致敏性的调查研究，国内外已经开展了大量工作。目前已经明确发现的容易产生致敏性花粉的植物主要来源于40多个科属的植物。其中致敏性强的花粉如蒿属、藜属植物的花粉，具有很强的抗原性与致敏性，容易引发敏感人群的各类过敏反应，在花粉症、过敏性鼻炎等各类花粉致敏疾病中所占比例最高。并且由于这些植物本身属于广泛分布物种，生态适应性强，植物种群庞大，花粉产量大且飘散范围广，已经成为重要的夏秋季节致敏性花粉种类，近年来我国内蒙古、陕西、宁夏等地蒿属植物致敏问题越来越突出。致敏性低的花粉如松属、柏属植物的花粉，由于其在城市绿化中集中栽植量过大，以及植株本身高大、花粉产量大、花期时飘散时间长等因素，也会引起空气中花粉浓度增加而引发敏感人群的过敏反应，是春季重要的致敏性花粉种类。

不同地区由于地理、气候、水文土壤等因素的影响而各有其植被特征，产生致敏性花粉的植物种类及其分布也不尽相同。国内外学者做了大量研究工作，苏联学者于1945年提出引起枯草热花粉病的植物名录，欧美各国学者也都开展了大量的致敏性花粉地区性调查研究，近年来我国学者也在北京、上海、武汉、南京、山东、湖南等多个市地进行了致敏性花粉调查研究工作，分析总结相应地区的主要致敏花粉类型及其发生规律等。宁夏地区产生致敏性花粉的植物主要来源于20余个科属的100多种植物，其中致敏性最强的有洋白蜡、暴马丁香、火炬树等树种和蒿属、藜属等草本植物；致敏性较强的主要有柏科、木樨科等植物；致敏性弱的主要有松属、榆属等植物。

不同植物的物候期各不相同，高等植物均有各自特定的物候期，在不同季节开花植物的种类、数量和花期直接影响到当地当季大气中的花粉种类与浓度。宁夏地区花粉致敏植物的过敏原发生物候期主要在4 ~ 9月，呈现双峰型规律，其中4 ~ 5月主要为乔木植物的花期，是松科、柏科、杨柳科、胡颓子科、胡桃科、木樨科等植物的主要花粉飘散期；6 ~ 9月主要为草本植物的花期，是禾本科、车前科、苋科、藜科和菊科蒿属植物的致敏性花粉发生盛期。

2. 致敏性飞毛飞絮的发生规律与特点

植物飞毛飞絮是植物的繁殖与种子传播方式，产生飞毛飞絮的植物种类较少，主要有杨柳科、悬铃木科、禾本科、菊科等少数几个科属植物，如杨属、柳属、悬铃木属等乔本植物，芦苇属、蒲公英属等草本植物。其中杨柳科和悬铃木科的几个树种是我国城市和乡村绿化的主要树种，如银白杨、毛白杨、新疆杨、河北杨等杨属植物，垂柳、旱柳等柳属植物和悬铃木等树种，在行道树、防护林、水岸防护林和城乡绿化中发挥重要作用。但是随着城市发展和人们对生态环境质量改善的需求，这些树种所产生的飞毛飞絮致敏及其他公共安全隐患等负面影响也越来越明显，每年春季杨柳飞絮时节，漫天飞舞的飞絮飞毛尤其给人带来困扰，对敏感人群产生不同程度的刺激性致敏。宁夏地区产生飞毛飞絮的植物种类主要来源于杨属、柳属和悬铃木属的20余种植物，其中城市绿化树种中使用频率最高、数量最大的树种有银白杨、新疆杨、毛白杨、河北杨、小黑杨、垂柳、旱柳和悬铃木等植物，4中旬～5月上旬为杨属和柳属植物的飞絮发生盛期，5～6月为悬铃木产生飞毛的物候盛期。

3. 致敏性挥发性物质的发生规律与特点

植物所分泌和释放的挥发性物质存在很大差异，并非所有的植物都具有净化空气、清新空气的作用，有些植物释放的气味难闻，有些植物释放的挥发性混合物中也含有一些不利于健康的成分，甚至引发敏感人群产生过敏反应。已有研究表明，白皮松、侧柏、圆柏等北方城市绿化常用树种释放的挥发物对人体存在潜在不利影响，在低浓度时对人体具有提神作用，而超过一定浓度后会使人出现头晕恶心等情况。

不同植物种类所产生和释放的挥发性物质种类、数量和功能不同，挥发物中富含萜类成分的主要有蒿属、松属、柏属、丁香属等植物，挥发物中富含异戊二烯类成分的主要有悬铃木属、杨属、柳属等植物。植物的生长阶段和植株年龄也对其挥发性物质有影响，一般植株成熟期产生和释放的挥发性物质种类和数量较丰富，植株数量较大或集中栽植的情况也会增加所释放的挥发性物质在大气中的含量和飘散时间。宁夏地区产生挥发性物质致敏的植物主要有松科、柏科、木樨科和菊科的植物，其中松科和柏科植物的挥发性致敏物质释放期从春季至秋季，木樨科植物的挥发性致敏物质释放期主要在5～6月，蒿属植物的挥发性致敏物质释放期主要在8～9月。

4. 植物性过敏原发生的影响因素

引起植物源过敏的植物性过敏原物质种类主要有花粉、飞毛飞絮、挥发性混合物等，其颗粒细小，体积和重量小，飘散于空气传播媒介中，通过呼吸吸入、黏膜刺激和皮肤接触对人体产生致敏作用，过敏的发生及程度主要与空气中植物性过敏原的种类与含量密切相关，凡是能够影响大气中植物性过敏原的种类与含量的因素均会影响植物源过敏的发生，总体上可分为植物因素、气象因素和人为因素等。

（1）植物因素：植物种类与植株数量及树龄与植物性过敏原的种类与浓度直接相关。致敏性强、释放量大的植物如洋白蜡、暴马丁香、悬铃木、火炬树等，即使栽植量小，也会使植株周围的敏感人群产生较为严重的过敏反应。致敏性弱、释放量小的植物如白皮松、榆等，如果同一区域同种植株的栽植量过于集中大量，也会增加大气中植物性过敏原的浓度，增加潜在的致敏风险。植株成熟期之后产生和释放的花粉等过敏原物质数量大，一般树龄越大，产生的花粉或飞絮越多，如具有30年以上树龄的柏树进入花粉传播的最盛期。

（2）气象因素：温度、湿度、风向、风速、降水等气象因素在一定程度上影响着大气中花粉、飞絮飞毛和挥发性混合物的浓度和传播。温度和湿度变化影响植物花期，气候变暖以及城市热岛效应、春秋季干岛效应会影响植物生长加快、提早开花、花期延长和花粉增大。降水和空气湿度大会明显降低花粉、飞絮飞毛的浓度和传播距离。微风或无风气象下，花粉、飞絮等滞留不散；城市中空气湍流和乱流现象会使花粉和飞絮等在空气中远距离播散和长时间滞留。

（3）人为因素：人为因素会对植物性过敏原的发生产生多种影响，尤其是在人群活动和居住的区域，人们对绿化物种的选择和使用直接影响到植物性过敏原的水平。宁夏沿黄城市带主干城市中生态环境与绿地规划中大量使用侧柏、圆柏、新疆杨、垂柳、火炬树、悬铃木、暴马丁香等树种很容易带来相应的花粉、飞絮飞毛和挥发性混合物致敏等问题。绿化植物的栽植位置也产生一定的影响，已有研究表明，社区栽植圆拍既可以影响周边的居民，也可以对高层楼房住户产生影响；道路两侧的致敏性植物则对交通安全、行人健康都会产生影响。应减少或避免将致敏性植物栽植在人们的居住、活动和工作等场所环境，尤其是在房前屋后的庭院、城市和公园道路两边、游憩绿地等人群较为集中的区域要慎重规划。

四、植物源过敏的防治对策

1. 加强城市绿化的生态学规划与调控，加强品种选育，减少致敏源头

城市绿地建设和维护时，应利用生态学原理采取相关措施控制致敏性植物的选用和栽培，从根本上控制植物性过敏原的来源，减少致敏花粉和飞毛飞絮等植源性致敏原是防治植物源过敏性疾病发生的关键。

（1）在绿化物种的选择与配置时，要结合环境医学和公共卫生角度充分考虑植物性过敏原对人体健康的影响，尽量控制有植物源过敏风险的绿化物种的选用与栽植数量，尽量选择既美观又不产生致敏性的植物种类，或尽量选用虫媒花植物替代风媒花植物。直接降低植物性过敏原的产生量及其传播，降低花粉症等植物源过敏性疾病的发病风险，减少对城市居民公共健康的潜在风险和隐患。

（2）由于植源性过敏原的产生主要是因为其生物学特性决定，一些存在致敏性的植物种类在生态学上还有其他功能，故很难做到简单的全部替代。可以选择雄性植株品种，防止其春天散粉或释放飞毛飞絮，也可以采用少果或者无果的品系，使用嫁接或者扦插的方式，使其少开花或不开花。对于致敏性较弱而在其他方面具有优良性能的植物品种，可通过相应的配置措施减小其对公共健康的潜在危害。

（3）同时要加大对引进的具有致敏性和潜在致敏性植物的管理。研究表明，在各类致敏性植物中，引进品种达到近一半的比例，尤其是近年来城市绿化加强更增加了引进各类优良园林绿化品种的比例，同时也大大增加了引发各类过敏性疾病的植物性过敏原种类。为此，检疫等相关部门应将致敏性植物列入检疫名单，控制强致敏性植物进入我国及其引起的扩散蔓延。

2. 加强植物配置规划与调控，控制影响区域

（1）将多种树种进行混合种植绿化，合理配置易释放过敏原的植物数量、种类及分布，避免其形成大面积的集中树林，避免局部区域的植物性过敏原数量累积增多。

（2）增加城市森林、绿地等生态空间面积，培育近自然的林地结构，实现城市绿地地表全覆盖，发挥林地、绿地等生态空间多样性本身对花粉、飞毛飞絮和挥发性物质等各类过敏原物质的阻滞和消纳能力，减少过敏原物质的反复飘散和持续播散。

（3）在配置位置上，重点防控和减少在居民区、道路、公园等居民活动区域大量栽植使用有致敏风险的植物，防控人群活动比较频繁的生产生活、休闲休憩、游览娱乐等区域集中产生较高的植物性过敏原浓度。避免在居民区、办公区、公共休闲绿地等人群比较集中区域栽植致敏性植物。尽量避免在人行道、广场和游憩区域硬化比重大的区域附近栽植致敏性植物。尽量避免将致敏性植物栽植于人群活动中心主风向的上风口。对于洋白蜡、火炬树、暴马丁香等致敏性极强的植物，尽量避免用作行道树，不在居民区、单位等人口密集和活动频繁的地带栽植。

（4）在配置布局上，栽植地与人群活动中心保持或间隔一定距离，或选用无致敏性的乡土树种设置隔离带等，也可设置隔离带屏蔽植物性过敏原的传播，降低过敏原与人群的接触概率，努力切断过敏原的传播路径。尽量减少在林地、绿地边缘区域栽植致敏性树种，可将其尽量配置布局在林地、绿地的内部位置。

（5）增加湿地与人工水景观配置，保护和恢复河流湿地，发挥湿地对花粉、飞絮飞毛等的滞纳功能，在城市公园、休闲广场等人群密集活动场所，适当配置水景观和小微湿地，林水结合消纳周边的植物性过敏原。在花粉、飞絮飞毛盛期季节，对产生花粉和飞絮以及人群活动频繁区域的植物，采取临时人工喷水增势，以减少花粉和飞絮在大气中飘散的影响。

（6）对城区周围地带和城区空闲地带的沙蒿、藜、苋等致敏性杂草进行全面清理，转而栽植各类非致敏性绿化苗木和种植草坪，在城区周围形成针对蒿属杂草等的隔离带或多功能防护带，有效防控蒿属花粉致敏高发情况。

3. 加强对绿化植物的养护和管理

（1）对于已经种植的致敏性植物可加强日常管理，根据致敏性植物的生物习性和物候特征合理修剪，加强修枝频率，或通过改变栽培密度和水肥条件等方法，减少已有的致敏性植物在其花期等物候季节的过敏原物质释放量。可将行道树的修剪时间安排在开花季节前，在过敏原释放峰期采取喷水措施，或者使用控制性化学药剂干预植株的成花过程、减少开花数量以及加快花朵果实的掉落速度等，来控制和大大降低空气中飘散的过敏原浓度。

（2）加强地表科学养护。花粉、飞絮飞毛等过敏原在大气传播媒介中飘散，最终会沉降到地面上，故地表的吸附功能会影响到绿化空间对各类物质的滞留消纳能力，从而影响空气中花粉、飞毛飞絮的浓度。裸地及硬质地表的吸附能力差，应针对绿地及林地中的各类碎小裸地进行科学养护，如使用有机覆盖物进行覆盖，注意增强林下草本植被，尽量保留枯枝落叶，减少致敏性植物周边的地表硬化，以增强地表对植物性过敏原的吸附，从而降低其进入大气中的飘散浓度，减轻致敏的潜在风险。

4. 加强植物源过敏及致敏性植物的研究。

（1）通过加强对致敏性植物的种类和物候规律、过敏原的种类、致敏机制、预防及治疗过敏性疾病等一系列相关基础问题的深入科学研究，从而制定更有效、更有针对性的防治措施。

（2）依托城市生态系统定位观测研究站，将城市花粉、飞絮飞毛等植物性过敏原的监测内容纳入城市生态监测系统，逐步实现摸清长期性城市植物性过敏原发生的基本规律，结合气象因素，发布花粉预报，为居民主动回避植物性致敏风险提供参考与帮助。

（3）开展深入系统的植物性过敏原等级及其对公共健康风险关系的科学研究，进行深入的植物源过敏风险程度评价研究，依据发生规律与风险程度评价制定相应具体的防治措施。

5. 加强对植物性过敏原的预测预报，加强人群防护

（1）对花粉、飞絮飞毛等植物性过敏原发生的时间、地点、类型、等级等进行科学预测预报，指导敏感人群合理选择出行时间和休闲场所，主动避开致敏高峰期和高发区域环境。在致敏性植物集中区域设置告示牌，对人群作出提示。

（2）通过加强科普宣传使人们增加对植物源过敏及其预防的知晓度和了解度，有利于人们可以采取自我防护措施，主要措施包括：①外出自我防护。需要外出时做好自我防护，尤其在干燥多风的天气，更需要加强防护，最好佩戴口罩，可佩戴纱巾、墨镜等，一次性防尘口罩、墨镜、纱巾等均可起到有效遮挡气传花粉与黏膜、体表等部位的直接接触。开车出行时关好车窗，可安装车用空气过滤器。②衣物清理防护。不要在室外晾晒床单衣物等，避免室外花粉黏附。外出时衣服尽量选择棉料、聚酯纤维等相对光滑的材质，减少花粉附着，外出回来后应换下外套衣物。③室内环境防护。注意尽量关闭门窗，保持居室空气湿润，可使用加湿器、洒水等措施，室内可用空气净化器、吸尘器及时清理，或喷水湿化后清扫，注意保持室内清洁，减少灰尘及花粉飘散和附着。④增强身体免疫机能。坚持健康的生活方式和良好的饮食习惯，重视运动锻炼，促进身体免疫机能。⑤预防性用药。有花粉症、过敏性鼻炎及相关过敏性疾病人群可在医生指导下提前使用抗过敏药物，以预防或减轻过敏症状。

参考文献

[1] 王成，金佳莉，孙睿霖 等. 城市植源性污染及其防治[M]. 北京：中国林业出版社，2021.

[2] 马德滋，刘惠兰，胡福秀 主编. 宁夏植物志[M]. 银川：宁夏人民出版社，2007.

[3] 李小伟，黄文广，窦建德 主编. 宁夏植物图鉴[M]. 北京：科学技术出版社，2021.

[4] 叶世泰，张金谈，乔秉善 等 主编. 中国气传和致敏花粉[M]. 北京：科学出版社，1988.

[5] 王成. 城市花粉、飞絮飞毛等植源性污染特征及其防治[J]. 中国城市林业，2018，16（01）：1–6.

[6] 秦玲，刘丽丽. 园林绿化设计对花粉过敏的影响分析[J]. 城市建筑，

2019，16（18）：141–142+161.

[7] 辛嘉楠，欧阳志云，郑华 等. 城市中的花粉致敏植物及其影响因素[J]. 生态学报，2007（09）：3820–3827.

[8] 云文丽，刘克利.城市中花粉致敏植物及其影响因素研究进展[J].内蒙古气象，2008，(04)：14–17.

[9] 张曼琳，潘妮，赵娟娟 等. 城市花粉致敏植物种类构成、分布与潜在危害评估——以深圳市为例[J]. 生态学报，2021，41（22）：8746–8757.

[10] 靳颖，李倩，吕琳 等.我国秋季花粉症中的优势植物[J].首都师范大学学报（自然科学版），2004（S1）：87–91.

[11]欧阳志云，嘉楠，郑华 等.北京城区花粉致敏植物种类、分布及物候特征[J].应用生态学报，2007（09）：1953–1958.

[12]胡立香. 白皮松林挥发物及其时空动态变化[D].中国林业科学研究院，2007.

[13]李娟. 侧柏和油松挥发物动态变化规律研究[D].中国林业科学研究院，2009.

[14]李娟娟，张怿，秦凯伟 等.植物挥发性有机化合物的研究进展[J].南方农业学报，2021，52（07）：1969–1979.

[15]高岩. 北京市绿化树木挥发性有机物释放动态及其对人体健康的影响[D].北京林业大学，2005.

[16]孟龄，王效科，欧阳志云 等. 北京城区气传花粉季节特征及与气象条件关系[J].环境科学，2016，37（02）：452–458.

[17]谷德高，廖可文.城市花粉扩散与气象条件的关系[J].湖北气象，2003（03）：36–37.

[18]王成，郄光发，彭镇华. 有机地表覆盖物在城市林业建设中的应用价值[J].应用生态学报，2005（11）：209–213.